这些年我们都是吃了没有经验的亏

月满天心 ◎ 著

江西教育出版社
·南昌·

别用人情解决问题,让自己成为更靠谱的人 /044

这些年我们都是吃了没有经验的亏 /047

知道自己哪里讨厌真的挺难的,但是你必须知道 /051

很久以后我才明白,规则有多重要 /055

最高级的炫富,是炫耀你的经验 /059

别强迫自己去合群,你够优秀"群"自然会来找你 /064

第二章　最好的人生不是透支,
　　　　而是掌控未来的能力 /071

君子不立危墙,不设防也是危墙 /073

美好就在眼前,只要你看得见 /078

世无玉树,请以繁花当之 /083

天从不渡人，人都是自渡 /089

人心的历练，是要一直保持一颗平常而慈悲的心 /093

选择错了情有可原，不要让自己泥足深陷 /097

世间最好的感受，就是发现自己的心在微笑 /102

最好的人生不是透支，而是掌控未来的能力 /106

没事早点睡，有空多读书 /112

你可以不扎人，但是必须有刺 /117

最好的养生是好好宠着自己 /122

最正确的路，就是不问值不值得，去做就好 /126

电子支付时代：你不理财，财真的不会理你 /130

总有一天你会明白，没有资本，诗和远方也很残酷 /134

房子是租来的，生活是自己的 /139

跳跃的父亲 /144

第三章 爱情不需要等待，

　　　　陪伴是最长情的告白 /149

爱浅尝即美,女人千万不要太痴情 /151

爱情不需要等待,陪伴是最长情的告白 /156

不拒绝不喜欢的人,不是善良,是残忍 /160

不能选择的好处,我们都忘记了吧 /165

爱满则溢,留些余地爱自己 /170

遇见对的那个人,每个女人都是好女人 /175

后来我终于明白,得允许爱情有附加条件 /179

很久以后我才明白,懂得妥协才是真爱 /184

珍惜,比深情更可贵 /188

最好的婚姻和爱情,是绵长而平淡的四季相守 /192

爱情绝不是刺激,而是一份希望 /197

巨婴根本没有能力独立生活,所以最好远离 /203

落入不幸婚姻的女人，不要放弃救赎自己 /206

香奈儿的爱情传奇：爱而不执，享受而不受困 /211

执念就是深渊，落入执念的爱情往往意味着葬送 /215

离婚后不用太伤，好好做个母亲 /219

嫁得不好，就好好拼一番事业，人生并不单一 /224

第四章　不占便宜是最聪明的活法儿，
　　　　也是一种大格局 /227

人性要高于职业道德，是亘古不变的道理 /229

骑驴的时候别老想着马，请善待驴 /233

职场法则：枪永远从落尾鸟开始打 /237

随时随地学习，拥有自救的能力，保持专业上的第一 /241

别觉得残酷,在职场上你有用才有情谊 /248

不占便宜是最聪明的活法儿,也是一种大格局 /252

最难的路是上坡的路,走上去,不认输 /256

【题记】

　　余光中说：人生有许多事情，正如船后的波纹，总要过后才觉得美。

　　什么是经验？就是走过的路，吃过的亏，生活过的岁月，回头看的时候，发现很美，是收获。

第一章
这些年我们都是吃了没有经验的亏

不知道怎么选择的时候,请选择厚道 / 不要着急,最好的总是在最不经意的时候出现 / 最高级的炫富,是炫耀你的经验

• 第一章 •
这些年我们都是吃了没有经验的亏

不知道怎么选择的时候，请选择厚道

门前的商业街上，有两个花店，相隔不远，这么小小一条街，两个店供应鲜花绰绰有余，所以他们两家店的生意很平均，都没有太火爆，也都还能维持运转，赚些生活费。

不知道从哪一天开始，两家忽然打起了价格战，我这种每周都要买一些鲜切花做插花的顾客，马上就洞悉了他们的"战争"。

本来正常情况下，一枝百合二十块钱，一枝玫瑰六到八块钱，康乃馨是五块钱，我根据心情和季节随意搭配鲜花，可是那段时间，我忽然发现花价跌了，先是百合十八一枝，玫瑰五块，以前有过这种价钱，大部分时候是花不新鲜了处理，可是我买了一次之后，发现花依然很好,只是价钱跌了。

两家店的门口都有电子展示牌,显示着当天各种花的价格,往往这家玫瑰五块,那家就变成了四块,四块不能再低了,估计低了要赔钱了,于是百合、洋牡丹、桔梗……都开始降价。严格来说并不是降价,而是降到比隔壁店更低一点的价格。

我买花很随机,他们两家我都很熟。如果是专门出去买花呢,就到离家近一点的这个店,如果是去散步回来顺便带花,回来会先路过另一家,就在那里买了。两家店都很好,鲜花质量很好,店主的态度也很好。

但是起了"战争"之后,我买花的节奏就有点乱了——谁不想买得更便宜一些呢。

距离家门口近的这家店,夫妻很年轻,带着一个婴儿,经常有个老人在店里照看婴儿。但是最近一段时间,老人不见了,夫妻俩忙碌的时候,婴儿就独自躺在婴儿车里。有时候很忙,孩子哭了,女人急忙擦一擦手上的泥水就去抱孩子。

我刚买了一个陶瓶,插几枝艳红的玫瑰想必会非常美。这天我来买玫瑰,九枝,算账的时候,女人说五十四。我一愣:"上次不是才五块一枝?"

男人急忙过来说:"她算错了,是四十五。"

我扫码付账,刚走出门就听到女人尖声哭叫:"再这样下去,店垮了,妈妈的病怎么办?"

男人也吼:"对面五块钱,我们怎么办,我们贵一块钱,客户都不来了,不一样是垮掉?"

我暗暗吃了一惊。

下次到另一家店买花,居然恢复了原价。

我说：":是花涨价了吗？"

他们夫妻都胖乎乎的，很憨厚，他一边给我选花，修剪，一边说："没有涨价，恢复原价了，之前跟隔壁打价格战，差点把他们挤垮，他们店开得晚，没有什么积蓄，老人又生病，所以，都恢复原价了，不能打了。"

我疑惑："打价格战，不就是要打垮对方吗？"

他说："原来是这么想的，这么小一条街两个花店，生意确实一般，但是他们家也不容易，孩子小，老人有病……算了算了，退一步海阔天空，大家都有口饭吃就得了。"

我大为惊讶，赞叹道："想不到你心胸这么宽广。"

他说："可别夸我了，我也犹豫了很久，还要不要打下去挤垮他们，我去问我爸要不要乘胜追击，毕竟他们家已经不堪一击了。我爸告诉我，当一件事不知道怎么选择的时候，就选良心吧，厚道点，没错儿。他年轻的时候开店，两家打架，结果两败俱伤，两个家庭差点把对方逼到死胡同，最后伤了人，很多年才恢复元气，差点害了两个家庭。"

我听明白了，关键时刻，他这是放了对方一马。

两家花店都恢复了正常，我买花也恢复了往日的习惯。

意料之外的是，一年之后，两家店似乎产生了默契，一家主要经营鲜切花，一家主要经营绿植等。货品不同了，生意竟然都好了起来。每次从这条街走过，我心里都感慨万分，按照双方价格战的走向，会相杀到底，没想到，却成了相互成全。

一直记得那个店主说的那句话："不知道怎么选择的时候，就选择厚道吧。我爸爸一直这样说。"

厚道，是人生路上不可或缺的珍贵品质。

我们总是推崇精明,但是真正的成功都是因为厚道。

我认识一个人,他很年轻,从事小众艺术行业,在同行业的前辈中并不是最有优势的,但是经过勤学苦练,他掌握了很多高难度的技术与技巧。

这个行业因其小众,很少人有正式的工作,收入都是靠开班授课。大部分老师收学生都很艰难,因为他们的技艺很难得,一般都不愿意倾囊相授,所以根本无法建立良好的师生关系。唯有他是个例外,他的学生们遍布全国不说,他走到哪里,都有学生照顾,衣食住行无所不包,甚至还有年龄大的学生把他当孩子,会送玩具给他……开始我以为是他情商高,人缘好。后来发现并不是,他只是厚道,每次上课都倾囊相授,不藏一点私。他会的,都会认真教给大家,哪怕几天的课程下来大家会各自奔天涯,哪怕其中天赋奇高的学生会超过他,他都不在乎。这份厚道,让他收获了许多情谊。学生们当他是亲人、是挚友、是老师,只要他有需要,学生都会想办法帮忙。

他成了这个行业里呼声最高的老师,每次他开班都人头攒动。自然,他也因为这份厚道,收获了一份长久而稳定的事业。

左宗棠说:做人,精明不如厚道。

这个道理,来源于经典典籍《周易》。《周易》中有一句话:君子以厚德载物。

在最近几年轰轰烈烈的国学热中,各版本《周易》解读不停出现在图书榜单上。《周易》是什么?这本远古奇书要怎么理解和解读?每个人都有不同的见解和领悟。但不可否认的是,《周易》带给整个华夏民族的精神养分早已经融入血液,融入骨髓。

《周易》中的厚德精神,也便是华夏精神,我们沿着这条脉络,探寻、追问和吸纳,永无止境。

君子以厚德载物,厚道,是一个人最坚实的资本,永不会过时。

懂得这个道理,心境便开朗许多。

《周易》讲,命运是可以改变的,人文环境和社会环境或许不同,但是人生天地,一定在命运中兜兜转转,你所经历的一切都是命运,逃不开。

知变通,心则更通透。秉良善,才能一步步影响人生,改变命运。

郭靖天赋不高,长相也不出类拔萃,但是他不但得到了黄蓉的爱,最后还成为一代大侠,他靠的就是厚道两个字,从不害人,也无机心。

王熙凤步步算计,聪明无双,但是算来算去,将自己的命运算进了死胡同,而她的妯娌李纨,厚道待人,处处低调,却收获了晚景幸福。

不算计人,不要小聪明,每一步都脚踏实地,走得安稳。

不知道怎么选择的时候,请选择厚道,是中国文化中的君子之风,也是花店主人父亲亲身经历过的体悟,是我这位朋友的成功之道。

选择厚道,坏事往往变好事,选择阴狠,好事也通常会变成坏事。

正像《周易》中说的:天行健,君子以自强不息;地势坤,君子以厚德载物。顺应自然,活得热气腾腾而有趣味,不贫乏,不庸碌。自强奋进而德行厚重,恒长,有价值。

做个好人,永远做个善良之人,是修心立命之本。

天地有自己的规矩,万物有自己的法则,命运,藏在厚德载物中,藏在这亘古不变的法则中。

《周易》之道:天道的规律,一定高过人的小聪明。那就是做人要厚道。

古琴曲中有一首古曲,叫《鸥鹭忘机》。它是一首道家的充满哲理的曲子,讲的是《列子》中的一个小故事:一个渔人心地单纯、善良,他捕鱼的时候,一群鸥鹭经常从天空飞下来落在他的船上,或在左右飞翔,十分亲近,也经常帮他捕鱼。他回家跟老伴说了这件事之后,老伴说:"你傻啊,既然这样为什么不捉几只鸥鹭回来呢?"他听了老伴的话,第二天打算去捉几只回来,结果他出海的时候,那些鸥鹭们都远远在天空飞翔,再也不肯接近他了。曾经他心无杂念,得到了鸥鹭的信任,如今他有了机心,便被鸟儿洞悉,鸟儿马上就离开了他。曲子恬淡优美,曲意便是:当你善良,世界都喜欢你,当你生了恶念,所有的一切都会离开你,除了孤独与懊悔。

一个人如果贪婪无度,嗜欲太深,必然会违背人性,违背道义。一阴一阳谓之道,我理解的一阴一阳,一面是积极向上,一面是适可而止,也就是厚道做人、厚道做事。

第一章
这些年我们都是吃了没有经验的亏

做自己擅长的事，
别拿自己的弱项去挑战命运

疫情期间，没有别的事情，反倒陆陆续续看了不少书，又重新读了一些名著，有了新的心得，就简单写了一些读书笔记，发在自媒体上，权当记录。

没想到有个朋友一直追着看，还将书单复印，我记录的每一本书都跟着买回来读。本来是好事情，可有一天她突然愁眉苦脸和我说，《红楼梦》她读了很久，每一次都需要从头开始，就算这样，还是看不下去，现在断断续续半个月，她依然是读到某一页就看不下去了。然后过几天又不甘心，拿起来重新看，再次看几页，放弃，反反复复也读不完，阅读《水浒传》和《呼啸山庄》时也是同样的情况。她是想求问一下方法,怎样才能把这些书都顺利读完。

为什么不去读那些让自己欢喜,读之顺畅的书呢?因为我们总会有一些执念,想要挑战自己的短板,越艰难的,仿佛越有成就感。另一方面,也是追求完美的心在作祟。

我想起上学的时候,有一段时间我偏科很严重,数学很不好,可我就偏不信这个邪,将所有的精力都用在数学上。下课找老师求教不会的题,放学后去老师家补习。为了把数学学好,每天十分之九的作业时间都在写数学。我这样执着地把一切业余时间都给了数学,痛苦不说(我不喜欢数学,硬着头皮学),几乎把所有的科目复习时间都压榨没了。这样过了一个学期,数学成绩确实提高了一些,但是别的科目,比如语文、历史,因为缺少时间背诵,成绩掉下来了。

工作之后,我也犯过这样的错。有一阵我在报社做记者,那是个小报社,记者并没有明确的领域分界。我擅长采访社会新闻,对于经济方面的新闻我一直做不好,为了弥补这个短板,我在那段时间总是挑战自己,一次次尝试经济新闻,可每次写稿子的时候我都痛不欲生,往往熬了一夜,写出来的稿子专业度依旧不够。我买了很多书去看,去研究,但我的业务能力没有得到显著的提升,出稿也慢,只是勉强达到规定的发稿字数。后来实习期满,我因为没有突出的成绩,所以没有留在那里。

很多年,我都是这样,用尽精力去弥补自己的短板,幻想自己面面俱到。跌跌撞撞十年之后,我才突然明白一个道理:我为什么一定要去挑战自己不擅长的方面呢?将自己的优势强行按压,就像花朵无法绽放。

从此以后,我再也不去信什么挑战和攻克,而是调转方向,专心写我的小说,写美文,没多长时间我就从焦虑中解脱出来,不但确定了事业的方向,而且过上了自己想要的生活。

如果,十年前我就明白这个道理,不是傻傻地攻克经济方面的新闻,而专注做社会新闻和写副刊,说不定我早就实现了自己的理想。

许多人,尤其是好学努力的人都会说,我要补足不完美的地方,让自己更完美起来。

我们都被毒鸡汤害了。

我告诉朋友,读不懂读不下去的,就别读了,不仅仅是读书,生活、工作、做人都一样,走最顺畅的路,往往走得最快。

有一段流传很久的话,大意是说:一个木桶能装多少水,是由最短的那块木板决定的,所以尽量补充自己人生的短板。

经过多年的观察与体悟,我发现人生的长处往往就是天赋所在,相对来说,有天赋的人,也会有天然的短板。

短板,这本身就是个伪命题,什么是人生的短板呢?

理科生对应的感性思维?文科生对应的理性思维?还是性格问题?人的一生,际遇、智力、经历都完全不同,而许多结果是这一切结合所产生的,到底怎么界定人生短板,完全没办法说清楚。人生就是个不完美的过程,没有任何一个人是完美的,把目光一直盯在短板上,会浪费大量的时间,也会让自己不开心,无疑是最不明智的行为。

宋徽宗赵佶,是一个千古难遇的大才子,他的画艺术价值极高,他独创的瘦金体,至今仍吸引许多书法爱好者;他创立的北宋画院,培养了许多千古奇才,其中就包括创作出名作《千里江山图》的王希孟。

然而在艺术上这么有成就的宋徽宗当了皇帝。当皇帝,是宋徽宗的短板,他一生都被桎梏在皇帝的局限中,最后误国惨死。

如果说宋徽宗的人生除了做皇帝没有其他的选择,那么法国人伽罗瓦,著名的天才数学家,二十一岁的时候便独立完成了群论的理论研究。他的这个理论,领先其他数学家一个世纪。然而这个天才的数学家,在写出理论要点的第二天,死于决斗。

伽罗瓦拥有聪明的头脑,但并没有同时拥有健壮的身体和绝妙的枪法。如果他不挑战自己的极限,不挑战短板,不会早死在不值得的事情上,凭借他的头脑,几乎可以使法国的数学领先世界。

三毛数学经常考倒数第一,可她没有盯着自己的人生短板,而是潇洒走世界,活得无拘无束。

有一句话叫扬长避短,人生苦短,时间宝贵,没有机会浪费,做不到的,别去做。有些事,喜欢就去做,不喜欢就放弃。

路易斯·塞尔努达在《奥克诺斯》中说:"尽管有时候会希望生命是另外的样子,更加自由,更加顺应人事万物的惯常之流,我却知道,正是像这棵树一样孤僻地活着,没有见证地开花,才能得出如此高质量的美。它耗尽自己的热切,从孤独里开出纯粹的花,像不被接受的献祭呈在神明的圣坛前。"

真正对人生行之有效的是:用所有的精力和努力,去扩充自己的强项与天赋,使之闪闪发光,而不是拼命去补充自己的短板,从而达到平庸。

不要着急，
最好的总是在最不经意的时候出现

到不同城市旅行的时候，最喜欢的一件事就是站在闹市酒店的阳台上，看来来往往匆匆忙忙的人流车海。久而久之，你会发现所有的城市几乎都是一个模样，你分不清你是在上海，还是在北京；是在南方城市，还是在北方城市。高楼车流都是一样，匆忙行走的人流与商业街也都是一样的。越是大城市，越是难以慢下来，每个人都有一个目的地，大家脸上都写着一个字：急。

不仅仅城市的气质千篇一律的急，缩小到小小的个人，也是急的，急还没有完成工作，还没有晋升，还没有买房，还没有买车。如果这些都得到了呢，那么就是下一轮急，急赚更多的钱，升更高的职位,买更大的房子……

急着赚钱,急着生存,急着恋爱,急着结婚,急着离婚,急着找下一个伴侣。

哪一样都怕落后,大家都争先恐后,怕钱都被别人赚去了,怕好的对象都被别人抢走了。

一个朋友三十岁,不知道是被这个社会磨炼的还是天生如此,她每天都是急的,每次见她几乎都在奔跑着,吃饭只用二十分钟。去哪里玩,都不敢让她等,因为她是急脾气,动不动就发火。这样急着生存也不是没有好处,才三十已经急火火赚到了两套房子和一辆车,生存无虞了,我们都以为她可以放松一下了,大家再聚会时可以叫她一起。没想到她又开始急婚姻——为了事业三十岁还没有结婚,也是该急的。但是这种急会波及身边的人,聊天的时候,她会突然冒出一句:"给我介绍个男朋友吧。"后来她竟然去相亲网站,认识了一堆人,倒是很有效率,很快就找了一个结婚了。我们劝她再等等,再了解一下,她说怕是再等,好的都是别人的了,一定要先下手。结果,她结婚一年,就离婚了,接着又风风火火地投入下一轮的相亲中……

我跟着她急了一阵,也无计可施。

如果说生活就是一场旅行,那么漫长的人生,就是一步步走出来的,跑容易跌,跳容易摔伤,急是没有用的。

办公室新来了一位阿姨,阿姨五十多岁,很温和,很健谈,身材丰腴得很,脸上一点皱纹也没有,随时都是微笑着。

周末,有个穿着夹克的叔叔来接她,她说是她老公,我才终于知道阿姨为什么这么温柔丰腴。她老公个子不高,话也不多,但也是一副温柔的样子。他每个周末都准时出现在办公室门口,也不说

第一章
这些年我们都是吃了没有经验的亏

话，就默默坐着等她，还会带着一杯热奶茶或者一块新出炉的面包。每次他一出现，办公室里甜香四溢，我们总逗他说："叔叔，真是太浪漫了，把阿姨宠坏了呢。"他腼腆一笑，说："阿姨胃不好，这个时候应该饿了，饿狠了会胃疼。"有时候说："天冷了，喝一口热乎的暖暖。"

阿姨跟我们说："他是工程师，看着普普通通，其实专业很厉害，也很忙，所以一般周末他才有时间来接我一次。在家里家务做饭都会，几乎不用我做什么，我也不是娇气的人，自然也抢着干点活儿，能这样过日子，已经很满足了。"

这么大岁数还这么浪漫，接老婆下班，比年轻人还体贴，让人羡慕。我这位容易急的朋友有一次来办公室找我，我给她介绍这个阿姨，并讲了阿姨的幸福，朋友羡慕坏了，几乎要流泪了。她感叹阿姨命好，比她好多了，她每天都在寻寻觅觅，生活却总是给她重击，别说这么好的伴侣，她连找个能聊天的人都很难。

我觉得也是，阿姨遇到这么美好的爱情，生活过得这么踏实安定幸福，也确实是命好。像阿姨这个年纪，我们的妈妈们，虽然也有温暖和安定，但是浪漫大多数是缺失的。

阿姨说："我命哪里好，年少坎坷，后来嫁了人，非打即骂，那些年，甚至都不想活了。过了很多年，脱层皮才离了婚。离婚之后觉得终于踏实一些了，从无休止的家务中解脱出来，也没有了被打骂的恐惧。我就想这一辈子一个人这样过下去了，可是夜深人静的时候，也会难过，觉得这辈子真亏，连一点家庭的温暖都没得到过。"

她没打算再成家，把小家布置得温馨舒适，慢慢享受着独身生活。

三年后，她遇到了现在的老公。老公对她无微不至，好像把她这半生受的苦都补回来了。她在快五十的时候找到了现在这个工作,是她喜欢的,每天跟文字打交道,虽然只是校对,她也满足了。

阿姨最爱对我们说的一句话就是:"不要急,不要急,最好的都不是抢来的,都是在不经意的时候出现的。"

我想想也是,都说晚了好的就没了,可是你怎么知道自己抢到的是好的呢?好人又不是排着队依次出现的,抢的时候,也有可能抢到坏的、不合适的呀!

就像我那个朋友,匆匆忙忙以为自己抢到了,结果却把她折腾得够呛。这又何尝不是因为她太匆忙了,用抢的心理去寻找爱情和婚姻,才导致了这种结果。

后来我们都明白阿姨的意思了,那就是:不着急,慢慢来。

也许命运会安排许多曲折,但是不要着急,好事和好人都是调皮鬼,总要捉弄你,在你最不经意、最不着急的时候出现。

有些热心，
还是不要的好

我刚参加工作的时候，在一个小报社做实习记者，我对这份工作充满了热情，每天都跑在第一线，只要有线索，无论多远的路多差的天气，我都会奔过去。

有一天，私人车站出了点事儿，所有的车都罢工了，这次停运给很多人带来了不便，于是我去采访，了解情况。私人车站比较远，回来的时候天已经晚了，那时租住在乱哄哄的城中村，从城市灯光璀璨的街道中拐进小巷，光线就暗了下来，七拐八拐中，我迷路了。

悠长的小巷子，好像没有尽头，到处都是岔路，沿着岔路走进去，依然是差不多的小巷子。心慌意乱绕下去，也不知道走了多久，终于发现一处灯光很亮的地方，那是一枚电子广告牌。广告牌竖在台阶上,印着五个瘦瘦的绿色荧光字:稻草人书屋。后面是一间小小的屋子。我立刻走了进去,一是看看书,二是问问路。

屋子还挺幽深,四面都是旧的榆木书架,一排排的书,很整齐。没开灯,光线朦胧,桌子后面坐着一个女孩,低头看书,一缕头发垂下来遮住脸,看不见长什么样子。我站了一下,说:"嗨,这样的光线能看书吗?太暗了伤眼睛。"

女孩抬起头,大眼睛像深潭一样晃呀晃,雪白的肌肤。

她歉意一笑,伸手摁下墙上的开关,灯光一下子铺满屋子。我沿着书架,一排排缓缓走过去,在一排旧书面前站定,那里有一套孙温绘的全本《红楼梦》。我像发现了宝贝,急切地问:"这套书多少钱?"

女孩抬起头,向我的方向望了两眼,又抱歉一笑:"哟,还真有人想买这套书啊……这个,你选别的书行吗?"

"这书怎么了?"

"这书,我舍不得卖!"她说完,很羞涩地低下头。

"你做生意这么不厚道啊,有人看上了就加价吗?"我生气。

"不是不是。"她说,"有些书是我自己的,我卧室摆不下,就放在架子上了,这些我不卖的,真舍不得卖。你可以看看那边。"她用手指了指北面的两架书,我瞄一眼,琼瑶、岑凯伦、魔幻、漫画……当我小孩子呢。

"你怎么这样做生意?"我不满。

"对不起,你别生气,如果你喜欢,可以每天过来看。"

我看着她,雪白的脸,清澈的眼睛,问道:"你这书店赚钱吗?"

"能维持我的生活就好了。"

我气鼓鼓地准备离开,她说:"我送送你吧,真的,你可以每天来看。"说着,她转出桌子后面,身高却没有改变,居然是摇着轮椅。

我吃了一惊!她是残疾人,开着书店维持生活,有人买书,她舍不得卖!这是个什么样的女孩?

第一章
这些年我们都是吃了没有经验的亏

那天我问完了路并没有急着走,留下来跟她聊了一会儿,就这么认识了。我经常去她那里玩儿,看看书什么的,有时候还带着白纸去影印那些画儿。总是白看人家的书,我也不空手,有时候带去一株绿植,有时候是单位新发的茶叶,还有一次,我们聚餐点的菜太多了,最后松鼠鱼大家都没有动,我就偷偷叫来服务员打包给她带过来。她从不拒绝我带来的东西,也很少说谢谢,脸上的笑容总是充满着歉意。有一次她打趣说:"你总带东西来贿赂我,是不是还惦记着那套书?"我说:"是不是惦记的时间长了就能卖给我?"

我们之间没有做成一单生意,却成了朋友。

她的经历让我深深震惊。三年前,她本来要结婚的,男朋友对她非常好,那天他们去买结婚用品,来了一辆失控的卡车,她把那男的推开了,自己的腿残了。那男的也说要照顾她一辈子,可是他的家人不同意他娶一个残疾人,父母以死相逼,男人就给了她一笔钱,另娶了。她哭了几天,用这钱回家开了这间小书屋。

岂有此理!我义愤填膺,怎么会有这样狼心狗肺的男人!

我回去马上把她的事情写成了稿子,并且用了真实的地名和店名。

一是想给自己找些素材,二是想帮她。这么一个小城,如果出了点名,生意总归是会好一些的。当然也想给她出口气,这男人太不负责任了。

稿子发表后,我拿着文章去找她,没想到她并没有惊喜,只是说:"我不想让别人知道,过去的就永远过去了,你说是吧?"不过她也没说什么,毕竟稿子已经发出来了。

我没想到之后事情的发展却失去了控制,她的书屋总是被围得水泄不通。

这个小城的日子平静,平日连一个盗窃案也要报道一礼拜,可见新闻多么匮乏。我们的生活太无聊也太平淡,急需不同的音符激起心的波澜,而她恰好出现了。报社记者,电视台记者,都涌来采访她,以她为素材制作节目。一遍遍采访,打算将她的故事深挖,上升到一个又一个高度。她不胜其烦,书屋关了好久没有开。

电视台和电台的力量很大,更多的人知道了这个隐藏在城中村小巷深处的小书屋。不多久,她四壁的书都被卖得差不多了,但是她却越来越忧伤,甚至都不爱搭理我了。

那天,我等了很久,外面一片漆黑,人们才慢慢散去。书架空落落的。她说:"把这些都卖完,我就不进货了。"

我说:"书店开得好好的,为什么不开了?"

她没言语。

我最后一次去小书屋的时候,那个牌子已经不见了。新店主是个胖胖的大婶,她说打算在这里开个早点店。

小店没有了,她消失了,她托大婶留给我一套书,给我留了一句话:不喜欢这样的生活……

从此我知道,也许某一张淡然的面孔后面,就藏着波涛汹涌的故事。只是有些人就像小巷角落里的植物,自生、自落、自开、自谢,不喜欢抱怨命运不公,甚至不喜欢被打扰,静静地生活、静静地陨落。

世界这么大,人生那么长,我怀着对她的歉疚成长着,明白了有些一厢情愿的热心,还是不要的好。

不要滥用善良，
更不要让你的善良变成自伤

好朋友有个远房亲戚离婚了，一个单身的女人还带着一个孩子，没有房子也没有工作，想来北京找工作重新发展，很诚恳地问能不能暂时住在朋友家里。朋友心地善良，觉得既然人家遇到困难，又请求她帮忙，不帮心里过意不去，但是家里平白多个人住，她也不知道会不会有不方便，很烦恼。

我没给她意见，只是给她讲了很多年前我亲身经历的一件事，那时候我们以为善良是最珍贵最好的品质，谁会辜负善良呢？可是人性复杂，世事难料，一颗善良的心，也未必就会被对方认可。

正确运用善良，更重要。

十几年前,我刚刚步入社会找到一个工作,实习期收入低,在城中村里租了一间东厢房。就这么一间厢房,也是跟朋友合租才租得起。

一间房子,隔出一个外间,放点杂物做做饭什么的,里间一张双人大床,我俩一起睡。就是这样的生活,也让小泽羡慕不已。

小泽是我的新同事,我们同一天应聘的。她来自四川某个小镇,瘦瘦小小,很少说话,但是工作起来却很拼命。

她来我们的房间,处处都稀罕,摸摸这个,碰碰那个。我有一支钢笔,是澳门回归纪念笔,据说笔头是纯金的,她喜欢得不得了,每次来了都拿在手里玩一会儿。还有我自考的资料,她用手抚摸着,像面对珠宝,末了会无限神往地说一句:"真好啊,你们真好啊,有好看的衣服,有好看的书,还有朋友对你们好,真好啊。"

小泽羡慕的是我们的自由。她已经结婚了,和老公一起在这个城市打工。后来小泽说她老公不让她来跟我们玩了,怕学坏了收不住心,我们就疏远了。

半年后的一天晚上,我们都要睡觉了,小泽急匆匆来敲门,她带着哭腔说:"求求你们收留我,要不然我会被打死的。"

我和室友这才发现她胳膊上有血,都惊呆了。我们把她扶进房间,她说了她的遭遇。

原来这一年来,婆家一直来信催他们回家生个娃好好过日子,她老公也想回家生孩子。因为他发现小泽的心越来越野,时间久了搞不好这个老婆就带不回去了,于是就逼她放弃工作回老家。小泽无论如何不想放弃现在的工作,于是她老公恼羞成怒,就打她、逼她。今天两个人吵得太厉害,她老公冲动之下拿菜刀要砍她,小泽没有躲开,胳膊上被划了一道口子。她老公也没想真砍她,吓坏了,

第一章
这些年我们都是吃了没有经验的亏

便出门找医生,小泽就在这个时候逃了出来。

她说:"如果我一直不答应回老家生孩子,他肯定会杀了我,你们救救我吧。"

我们束手无策,也不知道怎么对付她老公,后来提到报警。小泽也不同意,她说报警没用。我们也不知道该怎么帮助她,唯一能做的就是把可怜的小泽收留在这里,跟我们挤在唯一的双人床上。

小泽在我们这住了四五天,我们给她买吃的,把自己的衣服也送给她穿,都觉得她太可怜了。

周末晚上天气很热,男友提议到广场去散散步,看看喷泉,吃点宵夜,并且邀请了小泽。小泽说什么也不肯去,说她看门。

我们回来的时候都已经快十二点了。

房间里黑着灯,小泽在里面说:"突然停电了,我们没办法洗漱,只好先凑合睡下了。"

我和室友也没想什么,就上床睡下了,太累了,一觉睡到大天亮。室友首先发现了不对劲,小泽不见了,连同她带来的箱子都不见了。我惊醒后爬起来一起检查,发现室友的新衣服没了,我的钢笔没了,室友的护肤品没了,我的参考书还有我的小说都没了……整个房间空空如也,除了我俩睡的被子和一些碗,其他东西都随着小泽消失了。

我们问了房东,房东住正房,她说:"那个男的晚上来了,俩人说了一会儿话,男的就走了,凌晨早起看见小泽拉着箱子悄悄走了。"她知道小泽只是借住几天,以为她只是怕吵醒我们,也没在意。

我们找到她的出租屋,房子昨天就退了。我们又冲到车站,车站茫茫人海,去哪里找?我们甚至连她老家是哪里都不知道,只知道是四川某个小镇。

小泽席卷了我们全部的东西,逃走了!

电闸也是故意拉下来的,根本没有停电。在我们出去玩的时候,小泽的老公来了,他俩商量好回老家去,顺便席卷了我们的东西。为了不打草惊蛇,她居然又睡了一夜!

那时候并没有网络购物,没有了复习资料,那年我的自考被迫中止了。我和室友过了一个没精打采的夏天,我们失去了太多东西,而更多的是伤心。

这件事一直印在脑海里,那是我自认为做得最遗憾、最愤怒的一件事,愤怒了很多年。

小泽偷了我们的东西,除却人品问题,还有不甘心、疯狂的妒忌与怨恨。

这是我们分析得出的结论,以我和室友当时的阅历和能力,根本帮不到小泽,我们能做的就是收留她几天。可是在一望无尽的日子里,小泽并不需要这几天的庇护。还有一点就是,我们青春张扬,每日里欢声笑语,这一切,都深深刺激着小泽,这些她永远失去的东西,成了我们的原罪。

她没有别的办法,只能回乡,但是回乡之前,要带走她羡慕的一切。

有人说小善自保,想要对别人好,首先要保护好自己不受伤害;中善如水,先保护好你爱的人和身边的人再去触及更大的范围;大善自强,让自己强大,才有能力去帮助别人,而不是为了帮别人倾尽一己之力。

如果我和室友当时能明白这个道理,大概就不会发生那样的事。我们没有能力帮助小泽脱离苦难,我们做不到真正的拯救,却伸出了手,伸出了手又拉不动她。

她报复了我们,伤害了我们。

现在的骗局越来越多,常常听到谁又被骗了,甚至会被骗得很惨。有的骗局是钻了空子,可是有的骗局就是利用了别人的善良,善良是最美好的品质,但是如果善心不但没有帮到别人,还伤了自己就悲剧了。所以,不要滥用善良,保护自己,其实也是我们每个人的必修课。

善良,不是用来伤害自己的。

从此以后,我再也没有滥用善心,想要做一件好事之前,总是先想一想,小善、中善、大善,我又能做到哪个?

学会接受，
是最重要的情商之一

朋友中有很多都是画家，画家们偶尔聚会都会说有很多人向自己讨要画作这事儿。有的人甚至痴缠良久，就为了讨一幅画。有时候实在过意不去，只能送一幅，又不想敷衍坏了自己的名声，只好好好画。

我深以为然，我的书出来之后，也经常会有人讨要，仿佛你做了这个工作，就有义务送他免费书一样。所以我十分理解画家们的烦恼，我绝不会平白无故讨要一个画家的作品。和一本书比起来，一幅原创的画作更费心力，更值钱。

几年前我开始学画画，一个大教室里，很多学生，都是对画画

第一章
这些年我们都是吃了没有经验的亏

感兴趣的成年人。有个年纪很大的学生,他本身就是绘画老师,还想着来学习深造一下。有时候坐得近,他就跟我说几句话,说画画已经至少二十年了,让我不会的地方可以问他。

我是从零基础开始的,老师上课针对有绘画基础的学员来讲,对于我来说很吃力。我连线条都画不好,每次要测验的时候就慌手慌脚。他总是偷偷替我画一点,或者修改一些地方,这样我交的作业就能稍微看得过去,不至于让我太丢人。我很感激他,叫他老师,他乐呵呵接受,很照顾我,并说可以给我画一幅画。

我以为他只是说说而已,没想到在下次上课的时候,他居然真的专门给我画了一幅紫藤拿过来。我想,画是别人积累了多年的经验与本领而绘制的,我是不会轻易要的。他总是帮我的忙,没有再送我东西的道理,于是我毫不犹豫地说:"谢谢,我不要画。"

他拿着画,一脸尴尬,拎了半天,细微的空气吹动着宣纸,紫色的花朵在空荡荡的教室里接受冷落,很诧异的样子。

过了一会儿,来了一个女同学,女同学看到这幅画,马上过去夸赞道:"这是谁画的,真好呢。"于是这个人就马上说:"那就送给你吧。"

女同学欢天喜地接过画收起来,他们两个人聊了一会儿,我终于松了一口气,真怕他走过来非要送给我呢。

后来这个人就慢慢疏远我了,在群里也不怎么说话。再后来我发现朋友圈没有他了,他把我删除了,也退了绘画课,再没交集,慢慢我就忘了这件事。

过了一段时间,我帮了一个老师的忙,他说画一幅画给我,我马上说:"我不要,谢谢。"他很认真地对我说:"你不可以这样,接受也是一种肯定。我每天都会遇到讨画的,确实烦不胜烦,但是主动给你的话,是不一样的。你这样拒收,会让我觉得你看不上我的作品。"

这位老师与我关系不错,所以他说了实话。我恍然大悟,怪不得我觉得我并未做什么,那个老师却不再理我了。

我怎么忘了,接受也是一种肯定和赞美!

想想那位被我拒绝的老师,他当时一定是气坏了吧,可恨我那时候不懂这些,而以不获取、不欠人情为准则,伤害了他的善意。

前几天在游乐场休息区,遇到一对母女和一个奶奶,三个人坐在那里休息。小女儿拿着一盒饼干,她吃一块,也给妈妈一块,妈妈接过来就吃了,她也递给奶奶一块,旁边的奶奶便说:"我不吃,乖乖自己吃吧。"

妈妈说:"您接过来吧,这是孩子的爱和分享。如果您不接受,她会默认为以后不用这么做了。所以接受孩子的爱,也是一份爱。"

接受孩子的爱,也是一种爱,这位妈妈说得真好。

豆瓣早年有个讨论小组,吐槽父母的。很多父母都不懂得接受,导致儿女很纠结难做。比如孩子给买了很贵的保健品和衣服,本是一份孝心,可是父母死活不要,有的只好去退掉。本来是好事,结果却令双方都不开心。

父母的心态不一样,他们没有不欠人情的考量,他们只是单纯地将付出作为爱,不习惯收获,更不习惯接受儿女的礼物。其实这样的本意是为儿女考虑,却间接伤了儿女的心。

我们从小就被教育无私奉献最高尚,不占别人便宜,为亲人爱人付出的时候是毫无怨言的。一旦反过来,就惶恐起来。

我们接受了太多无功不受禄的教育,不明白接受也是一种尊重。

像这位妈妈对小孩的教育就很棒,学会接受,也学习付出,付出是爱,接受也是。

赠人玫瑰,手有余香,那么反过来就是,收人玫瑰,也算赠人花香了。

我活在这世界上，
也想遇见一些有趣的事

贾平凹在《自在独行》中写道："人既然如蚂蚁一样来到世上，忽生忽死，忽聚忽散，短短数十年里，该自在就自在吧，该潇洒就潇洒吧，各自完满自己的一段生命，这就是生存的全部意义。"

我常常在想，活着究竟是什么呢？按部就班，做别人眼中正统的"孩子"，小时候努力学习，长大了结婚生子好好工作，然后奉养父母……

想起我的童年好朋友小琴，我们是完全不同的两个人，家庭教育也完全不同。

高二那年，小琴报名参加了英国的夏令营，为期半个月，在名校与异国优美的小镇徜徉,那感觉很美。

在家里乖乖补习的我,看着她发回来的照片羡慕极了。于是我瞒着妈妈,用压岁钱报了一个夏令营,我报不起国外的,就报了一个普通的邻市的以探访古迹为主的学生夏令营。我只是打算出去看看,感受一下外面的世界。

我怀着兴奋与期待的心情出发的那天,妈妈赶来了。她没有责备我,而是抱着我哭了起来,她的眼泪和难过让我愧疚,妈妈说:"你是妈妈的命,妈妈不是不让你玩,而是出去玩一圈有什么意义呢?我们的目标是让你考一个好大学,考公务员,嫁个好老公,我就是想让你过一种稳定踏实的人生,这样的事不要再发生了好吗?"

这是我唯一一次"叛逃",之后每次再有想飞出去的念头时,眼前就闪过妈妈的泪水,心就会很痛。我知道妈妈爱我,她永远不会害我。所以,我会按照她指定的方向,拼尽全力走下去,走向妈妈口中最光明的人生。

熊培云说:"一个人,在他的有生之年,最大的不幸恐怕还不在于曾经遭受了多少困苦挫折,而在于他虽然终日忙碌,却不知道自己最适合做什么,最喜欢做什么,最需要做什么,只在迎来送往中匆匆度过一生。"

我想我此时就是吧,不知道自己想怎样过一生,一直处在迷茫状态,听从安排是唯一安全的结果。

因此,我从小就是"别人家"的那个孩子,每一步都走在既定的轨道里,让所有人羡慕。我是爸妈快乐的源泉,也是他们唯一的希望。

我爸妈读书不多,没有正式工作,开了一间小超市。他们两人辛苦经营,加上人品好、热情,小店口碑一直不错,生意挺好。所以我家的生活在小县城里算是很好的,但是爸爸妈妈最羡慕的就是机关单位的公职人员。不止我父母,在小县城所有人的眼里,那都是让人艳羡的生活——工作稳定,只要进了那个门,生老病死都有国家管,简直太光荣了。所以,那是我妈妈对我的希望,他们给我上最好的补习班,每天都在给我灌输成绩好的意义。

后来在妈妈的授意下,我毕业就回到县城应聘进了机关单位。我报道那天,妈妈在团圆宴上喜极而泣。这是她第二次在我面前流泪,比起高二那年的心痛,这是喜悦的泪水,我因为自己达到了她的心愿而骄傲。

让人艳羡的生活开始了,我积累了十年的优秀,蓦然进了稳定的机关单位,那些知识忽然都用不上了。我收发文件,管理公号,撰写公文,做最简单的工作,连脑子都不用动。我二十几岁的年纪,剪着齐耳短发,穿着白衬衣黑裤子中跟皮鞋,干净利落地走在三点一线。后来谈了一个男朋友,他也是公务员,父母都是法官,约会半年后,双方父母开始约谈在哪里给我们共同出资买一处婚房。一切都顺理成章,我虽然有时觉得有点憋闷,却毫无异议。

直到有一天,我收到了小琴寄自希腊的明信片,她在明信片后面写了一句话:"我活在世上,无非想要明白些道理,遇见些有趣的事、有趣的人和有趣的人生。我如愿了,希望你也是。"

小琴爸妈在北京工作,她从小跟着奶奶在县城上学,爸妈周末会接她过去,他们很少要求她一路优秀。相反,她过得自由自在,想旅行就可以在假期去旅行,想参加国外的夏令营就可以参加。她并没有遥遥领先的成绩,我以为她长大后会很惨,可她活得灿烂如花。如今她听从自己内心的召唤,大学毕业后进了一家外企,工作环境相对自由。她努力工作,用所有的假期来旅行,还学了国画和烘焙,她不是最优秀的,却成了最肆意、最飞扬的那个。

第一章
这些年我们都是吃了没有经验的亏

我捧着明信片,忽然一阵倦怠。

我活在这世界上,也想遇见一些有趣的事,但是好像很难扭转人生了。

罗曼·罗兰说:"世上只有一种英雄主义,就是在认清生活真相之后依然热爱生活。"

可是光是认清生活,寻找到自己想为之努力的方向,其中曲折,已经一言难尽。我想做什么呢?我也想遇到一些有趣的事,活得精彩纷呈,而不是每天局限在县城一隅,按部就班,三点一线一辈子,就像只活了一天。

我开始抗争、反叛,谁说的话都不听,我辞职了,写作、画画,开始寻找自己的人生。

前几天,一名大学生在翼装飞行中不幸发生意外,在张家界天门山不幸坠落。女孩只有二十四岁,还在读大学,她的这次意外,让美好的生命戛然而止。惋惜与遗憾中,大多数人开始了解什么是翼装飞行与极限运动,因此,这个意外去世的女孩也上了热搜。

女孩的经历一次次被翻出来,进入大众视野,在她离开这个世界以后,展示了她非同常人的精彩人生。她喜欢运动,后来又爱上极限运动,在短短的有限的二十四年生命历程中,这个女孩滑雪、跳伞、翼装飞行……这是一个全新的世界与活法,在她之前,大多数人根本不知道什么是翼装飞行,也并不了解这项极限运动的危险系数居然那么高。这个勇敢的女孩,为了梦想,为了精彩地活着,居然完全没有惧怕。据说,她很早就写下了遗书,她一直知道自己在做什么!

如今,她为热爱的事情献出了自己年轻的生命。

于是,人们分成了两大阵营,一个阵营冷嘲热讽,觉得这样的人生太作了,简直是作死。自己就这样走了,留下父母怎么活?太不负责任了！另一部分人觉得这女孩生命虽然短暂,但活得精彩,比普通人活几辈子还精彩,她是死于梦想,值了。

生命之珍贵,在于我们每个人都是向死而生,没有例外,那么怎么活着才是正确的呢?谁有资格来评价别人正确与否?

谁都没有。

你觉得升官发财,一步步走向巅峰是正确的人生,就会有人觉得自由自在,环游世界才是成功;有人觉得一家人衣食无忧、平安平淡就是成功,也有人拼了命也要冲破平淡,就像阳光要冲破云层一样,谁也挡不住生命迸射出来的光芒。

小琴没有错,翼装飞行的女孩也没有错,我也没有错——别让自己后悔,应该就是最正确的活法。

那些假装很努力的人，
都是在给未来挖陷阱

如今社会，看似喧嚣浮躁，其实是非常公平的——成功只青睐那些拥有真本事的人，混日子的人越来越难"混"下去了。

人们也会更尊重那些有真才实学、脚踏实地的人，所以整个社会风气都在向上，大家都拼命在业余时间给自己充电。有的人为了保持身材常去健身中心参加各种体育活动；有的人为了提升自己在业余时间读书考证。

众所周知，努力的过程是很辛苦的，它需要你有十足的自律，有坚定的抵御诱惑的能力，有正确的努力方向……要做到真的不容易。

知道不容易,就更佩服这样的人,比如我朋友圈的一位熟人,她会把生活和工作发出来请大家监督,每天都是非常勤奋的样子。

今天在看哲史,明天在写文章,后天在学琴,工作计划生活照都晒出来。每天读书两小时,练琴两小时,锻炼两小时,其余时间用来工作。我十分钦佩,不止我,她的朋友圈也收获了很多赞,大家都对这种自律的人生表示佩服。

因为人都有惰性,我们做不到的事别人做到了,就会非常羡慕。

这次疫情之后,她的生活遇到了困难。她的小店因不能开门营业而经营不下去了,失去收入来源的她问我有没有什么工作可以介绍给她,演出、写文案都可以。

我觉得她完全没有问题,因为这几年的努力我都看见了。凭技艺和知识吃饭,虽然赚不到富贵,生存糊口肯定是没有问题的。

正好我熟悉的一个艺术馆要举办一场小型的演出,劳务费还可以,就推荐她去演出一个节目,弹一首古琴小曲《良宵引》。这应该不算什么难事,看她每天苦练古琴一年多了,甚至有一次还晒了一段弹《梅花三弄》的录音。《梅花三弄》是很高级的曲子了,这个水平弹一曲《良宵引》,几乎就是小菜一碟。

她犹豫了一下,答应了。

演出那天,她上台后我就发觉不对劲。《良宵引》是一首优美如诗又抒情的曲子,也是一首入门小曲,只要会弹古琴肯定会学到这首曲子。抒情是意境,但是她别说弹出意境了,居然在中间停顿了两次,这是没有记熟谱子。好不容易断断续续弹完了,我长出了一口气。她居然连谱子都记不住,我几乎惊掉了下巴。

所以我在下面坐着也跟着觉得尴尬和着急,不是说每天坚持练琴两小时吗?这个曲子,真正用心的话,恐怕一天就可以记

第一章
这些年我们都是吃了没有经验的亏

熟了吧。

因为懂古琴的人少,听众不太能听出来。可是主办方是懂的,于是委婉表示,以后的演出不要找她了。我以为能帮她渡过疫情难关的,这下倒好,直接砸了,连我也成了不靠谱的介绍人。

她赋闲很久了,也没准是上台紧张,所以忘了谱子。我又帮她找了一份写文案的工作,给一个小品牌药品写宣传稿,不要求出彩和经典,只要求介绍清楚。没想到只做了一天,人家就找我抱怨,说她不但专业知识不行、文笔不行,连常识也没有,竟然照抄了一份经典文案交差……于是,这个工作又黄了。

我有点不解,这是很容易的事啊。你天天都在读书,天天都在用功,写个广告文案是多简单的事啊。

后来一个同样熟悉她的朋友告诉我,这两次并不是她偶尔疏忽,而是她本来如此。实际上了解她的人都知道,她每天除了刷无脑剧,就是找别人聊八卦,看书练琴这些,不过是摆拍而已,不过是每天都在表演用功罢了。

原来这世上有一种努力,叫假装努力。

假装努力,或许能骗到别人,比如我,但如何能骗到自己呢。而且假装努力的后果就是她的路越走越窄,最关键不是她失去了这两次机会,而是她失去了在这两个圈子里的机会。没有人再会邀请她去参加演出,就算她从此闭门苦练,技艺突飞猛进,也不会有人相信了。这次演出就像《狼来了》里的小孩,再也不会有人相信她行了。她的假装努力,将诚信丧失殆尽。

从此我对这个朋友每天信誓旦旦的努力不再在意了,那些努力,恐怕只是他们的一个人设,或者只是一份虚荣心在作祟。努力的过程确实很难,所以就直接展示一个"虚假"的结果好了。

我也学会了去分辨那些天天很"努力"的人,是真还是假。

有什么作用呢?展示自己的"努力"和"优秀",是一种寻求关注的心理。大家都是普通人,谁不羡慕和喜欢优秀的人呢?所以这样努力的情况下,他们会一路收获艳羡。

但是假装努力给谁看呢?

一大部分是欺骗自己,好像在朋友圈努力过了,就没有辜负浪费掉的大把时光;一大部分是满足虚荣,以此获得赞美。

这种假装的努力,当事人沉浸在自己营造的世界里,没有经历过世事的坎坷,但总有一天会经历的。就像做梦,一旦醒过来,就会发现一切都是一场空。最关键的是,后悔也来不及,年华都浪费了。

《射雕英雄传》中有一对相差迥异的亲兄弟,裘千丈和裘千仞,二人是孪生兄弟,长得很像。但是二弟从小勤奋练功天资聪颖,大哥却不学无术,从来都是假装努力,自然一事无成。后来他冒着弟弟的名闯荡江湖,靠弄虚作假骗人生活,后来结局凄惨。如果他有真本事,也会和弟弟一样,成为一代豪杰,不会在虚假中活成一个小丑。

第一章
这些年我们都是吃了没有经验的亏

命运是弱者的借口，
　强者的谦辞

　　我们常听命运的说法，尤其是父母辈，对命运深信不疑。如果谁谁过得不好，或者不幸运，就悲叹一声："命啊！"似乎这一声宿命的感叹，能消弭所有的不平与不甘。命吗，就是要认的。如果谁一辈子顺风顺水，福寿绵长，也是一声感叹："人家命好。"如果是自己说自己命好，情有可原，是谦辞；如果过得很差，说自己命不好，就涉嫌逃避了。

　　仔细观察，悲叹命运并且最终认命认怂的，都是命不好的。古人说："王侯将相，宁有种乎？"意思说哪有天生的好坏，谁的功成名就和幸福生活还不是经过了一番拼杀？

反之,成功的人说自己命好,是淡化了努力的谦谦之词。

普拉斯说:"乐观的人,在每一次忧患中都能看到一个机会;而悲观的人,则在每个机会中都看到某种忧患。"

在忧患中看到机会,和在机会中看到忧患,都会形成必然的命运。

汉朝的王昭君,长得美貌无双,才华横溢,也因此被选入宫中,失去了自主选择的机会。在皇宫中,她毫无出头的机会,这样一沉默,就沉默了好几年。换一个人,或许就对月长叹,感叹命运,就任由这一生在深宫里做一名怨妇了。

王昭君却抓住了机会,在和亲的时候主动报名,成了五位和亲宫女中最光彩照人的一个。从中原到草原,文明到蛮荒,这一路的经历自然不会顺利,但是王昭君一直做命运的主宰者。她将汉朝文明在草原上传播。单于死后,按照匈奴的规矩,她要下嫁新一任单于,于是她再次出嫁,又生了两个孩子。

昭君远嫁的几十年里,她励精图治,将中原文明带到蒙古草原,她力劝丈夫结束匈奴内部的纷乱和战争。她带去中原的种植技术、养殖技术等一系列改变草原生存质量的实际技能,使少数民族第一次对中原文明产生了向往。她常常亲自农耕劳作,纺线织布,手把手教人们一步步迈向新天地。

昭君为妃的那些年里,边城晏闭,牛马布野,三世无犬吠之警,黎庶忘干戈之役。水一样的女子,以渗透的方式,慢慢改变着边塞,也改变着大草原。

汉与匈奴出现了六十年无战事的历史性局面。那么多出塞和亲的公主,哪一位都比昭君出身高贵,却唯有她被写进历史,成了千古明妃,位列古代四大美人。

第一章
这些年我们都是吃了没有经验的亏

元代诗人赵介认为王昭君的功劳,不亚于汉朝名将霍去病。与勇猛善战的霍去病相比,昭君细水长流的温柔方式没有导致生灵涂炭,而是更高的一个境界。向来,用和平的方式保持和平,才是最厉害的,战争取得和平,要次之。

汉室感念昭君,她被书写进历史,得到一代代汉族人民的喜爱和尊敬。同样,蒙古草原民众也感念这位美女带来的中原文明以及和平日子,他们同样敬她爱她。

另一位是隋炀帝的侯夫人,也是一位选在深宫没法得见皇上的妃子,她最后在忧郁与绝望中自杀。就算自杀,她也在抗争,将诗词藏在衣袖中,隋炀帝看见她死后如花的容颜和诗词中流露出的才华,懊悔不已,不但给了她封号,还日日思念。她虽然死了,却也在历史上刻下了自己的名字。命运就是纵然山穷水尽,依然还要抗争一下,扭转一回。

什么是注定的命运?凭什么你要来注定我的命运?

我出生在山里,七岁才离开,七岁之前的玩伴就是一个逆天改命的女孩。她五岁的时候,妈妈得病死了。两年后,家里来了一位后妈。那年冬天,后妈同爸爸一起出门,将她反锁在屋子里。她耐不住冷,点了火来烤,结果屋子着了火,把她烧得面目全非。

贫瘠的小山村,医疗条件差,卫生所的大夫只帮着上了点烧伤的药膏,便将她送回了家。没有人认为她会活下来,而严重烧伤后的她,在炕上躺了半个月后,伤疤痊愈,活了。只是她的左胳膊和左腿因为没有医生的医治指导,又缺乏常识,伤口天天连在一起,竟长出了皮肉,连在了一起。从此,她失去了左边的胳膊和腿,只好佝偻着身子,蹦来跳去,连走路也很困难。

她还在病中的时候,爸爸就领着后妈走了,再没回来。从此,年幼的她只好跟着叔叔婶婶讨生活,过着饥一顿饱一顿的日子。

她学会了用一只手缝很精致的沙包,学会了割草,学会了跳来跳去地在婶婶的指导下做饭。我每次去找她玩,就是为了玩她做的沙包。

尽管她用一只手能将所有家务做得漂亮利落,婶婶还是早早给她定了亲,她婶婶也确实不算是坏人,只是想早点将她嫁出去。

定亲后,她常在傍晚从婶婶家的篱笆小院里"跳"出来,痴痴地望着放学归来的孩子。晚霞映在她淡蓝花布的衣服上,很是好看。这时,经常有调皮的孩子尖着嗓子喊:"瘸丫头,丑八怪,瘸丫头,丑八怪!"她总是默默地"跳"回家去,关上柴门。

她嫁人的场面很简陋,男人老且丑,但看得出来,她不再在乎这些,很期待能有幸福平静的生活。自己精心缝制的红嫁衣,很好看!

这样的一个女孩子,不幸早成烙印,大家都觉得,她能有一个家就不错了,没有挑选的余地。结果结婚三年,她却执意离了婚,又回到了叔叔家。据说是男人经常打骂她,很变态。婶婶的脸色更不好看了,她就拼命干活,以讨婶婶的欢心。

几乎所有人都觉得她是疯了,因为这样的情况,纵使受点气,也该忍下去。只有她自己,一如既往的沉默着。

不久,让人想不到的事发生了,她竟然谈起了恋爱,和本村的哑巴。哑巴,二十多岁,除了不会说话,是个很正常、英俊的小伙子。找到了真心想爱的人,她脸上的笑容愈发灿烂起来。

后来,她和哑巴顺理成章地结了婚,过得很幸福。婚后,哑巴凑了钱,带她到县城大医院,割开了手臂与腿相连的那层皮,很小的一个手术,却折磨了她十几年。术后,只休养了一个月,往昔的瘸丫头就成了一个正常的俊美少妇,并很快生了一对双胞胎儿子。

如今的她,丈夫疼爱、儿子健康,连婆婆都把她当女儿来爱,日子幸福似蜜甜。

我们惯常的思维,都觉得幸福是天上掉下来的馅饼,砸到谁就是谁。可是,事实并非如此,幸福不是馅饼,不是幸运,幸福是一种能力。有这种能力的人,无论处在什么样的情境下,都不会停下争取的脚步!

大型动画电影《哪吒·魔童降世》中,勇敢的哪吒逆天改命,对苍天呐喊:我命由我不由天! 那句话,真是燃,真是痛快,也真是淋漓尽致。

哪有什么注定的不幸,还不是未曾抗争就认了怂。

所以,当听谁感叹命运的时候,我通常不搭言。那些感叹命好的就不用说了,是自谦之词。那些感叹自己命运差的,如果不懂得改变和抗争,那只能一直差下去了。

别用人情解决问题，
让自己成为更靠谱的人

中国是个人情社会，深处其中，谁还能躲开人情来往呢？我也从来没觉得可以在生存中脱离人情，一件又一件人情的大山压过来，沉重又无奈。

前些年因为拆迁的事，我势单力孤，成了弱势一方，陷入了没处讲理的地步。在一次朋友组织的聚会中，聊天时，我随口说了这件事，一位在座的年长者在聚会结束后主动打电话给我说，他可以帮忙处理这件事。

这位长者的身份地位都很高，他肯帮忙，我真是高兴坏了。于是事情顺利解决，我欠下了一个天大的人情。从此，在这位长者面

第一章
这些年我们都是吃了没有经验的亏

前,我很难再与他平等相处,因为他帮了我这么大的忙,却什么报酬也不肯要。我从感激到内疚,再到不知如何是好。一步步走来,心情难以描述,其实早就没有解决一件大事的开心了。

再到后来,有他的场合我都尽量不去,并且在每一个年节的日子里,都会十分用心给他选礼物表示尊重。一年又一年,我觉得很累,甚至开始后悔为什么开始不选择吃点亏呢?这样虽然没吃亏,可是我欠下的,似乎成了还不清的人情了。最主要是心里那一关,一直过不去,总想为他做点什么,可是人家什么都不需要。

在我自己身上,也有这样的事,明明很费力的事,却不好意思提报酬。帮忙之后,心有不甘,通常是费力帮助了别人,心里又不舒服,这份不舒服往往会消解掉别人的感恩之情。

总之,很拧巴。

我是一个面软的人,一直不知道怎么解决人情这个问题。直到我认识了一个朋友,我才有所改变。有一次,她的公司有一个关于传统文化的活动,她觉得只有我可以胜任策划和文案工作,问我可不可以帮她一下。

我其实不想帮忙做这些的,因为要占用太多时间,我需要放弃一些工作来完成,但是我不好意思拒绝,就答应了。她见我答应了很高兴,问我需要多少报酬。我说:"不需要,我们是好朋友,我帮你一个忙而已,谈什么报酬。"

她听了没说什么,晚上找了个机会一起出去吃饭,很严肃地跟我讲了一大段话。意思就是说我不能不要报酬,这样的话,她就没办法让我帮忙了,人和人的交情是一方面,合作又是另一方面。她需要我的才华,而我的才华不应该是免费的,这样她才会踏实,才不会觉得欠了我一个巨大的人情。另一方面,人活着都是需要收入的,付出了,就一定要有回报,这才公平,才是最简单最完美的相处方式。平日里,她送我一个化妆品,我帮她编辑一个公号小文章,这些才是我们的人情往来,工作上的事,绝对不是。

她说了一句话我印象深刻,她说:"真正靠谱的人,就是界限分明,从不用人情解决问题。"

这是我第一次听到这样的说法,我生活的圈子艺术家很多,大家都很感性,很少这样理性来做事。原来,真正靠谱的人,是不用人情解决问题的,难怪她生意做得这么大。

那天我们谈好了报酬,我尽力完成了那份工作,朋友很满意,给了我一笔不菲的稿费。我赚到了钱,也就不觉得那份工作太琐碎,太耽误时间了,皆大欢喜。这次活动之后,我们又恢复了一起吃喝玩乐的关系,闺密情意丝毫也没受到影响。

我真的如同开悟一样,原来换一种方式,大家可以很轻松。后来她告诉我,如果因为算得很清楚就离开你的朋友,那就表示不是真朋友,他只是想占便宜而已,不能接受这个方式的人,一般都不靠谱。

靠谱,也包括理智和冷静。

从此以后,我明白了人情的深情厚谊,也明白了人情的可怕之处。人情,恰如一枚硬币的正反面,情义和偿还不可分割。

在人世中行走,我们都是孤独者,难免会有需要别人帮助的时候。但人情很贵,尽量别用人情解决问题,如果非用不可,那么想好怎么还,再掂量一下自己的心理承受能力。

我们常说,滴水之恩,涌泉相报,但是,涌泉是多少呢?完全没有计量单位,无法衡量就是无法偿还。

任何东西,你都可以等价归还,唯独人情不行。

我这位朋友教会了我很多处事方法,其中之一就是:靠谱的人都不用人情解决问题。

· 第一章 ·
这些年我们都是吃了没有经验的亏

这些年
我们都是吃了没有经验的亏

　　我有一个朋友,性格直爽,想说什么就说什么,很少有所顾忌,相熟的人都知道他其实心地很善良。他说什么,也就没人计较,再加上他每次说话都一针见血,很有道理,我们都不觉得有什么不对。有的人就是这样嘛,性情中人,反而成了优点。

　　一次,一个相熟的朋友房子装修完之后邀请大家去她家里参观、暖居。她离婚后奋斗了十年才买到了自己理想的大房子,房子是很大的复式,装修也很豪华,只是有些俗气和花哨。参观者搜肠刮肚也无法找出夸赞之词,主人却热情高涨不停地介绍,说这些都是按照她的个人喜好装修的,根本没有听从设计师的建议。大家都笑而不语,偶尔也有人随声附和几句:"挺好的,挺贵吧?"

大家都默默参观,唯有我这个朋友说:"这房子装修成这样,实在是太难看了些,当时没有人建议你改一改风格吗?"

热情高涨的女主人立刻就不开心了,脸上阴云密布,还是勉强说了一句:"我觉得挺好的呀,所以才这样装修的。"

我朋友说:"天啊,哪里挺好了,你看看这些配色,一会儿红一会儿绿一会儿白。再看看风格,这边欧式那边中式,那边又极简日式,还有装饰,最好也统一一下。我说真的,这太难看了,完全没有生活美感,也很难舒适,显得没有品位。"

我在一边一直拉他的衣角,他才终于不说了。那顿饭,吃得十分尴尬,因为女主人面沉如水,一言不发——她本来是求夸求羡慕的,但是她的杰作被贬损的一文不值,自然心里不快,也失去了开始的热情。

不欢而散之后,我们交流意见,这房子的装修确实凌乱不堪,不仅没有美感,连整齐都算不上。但是那又怎么样,真正的女主人喜欢这样,别人何必非要指出她的品位低下呢?

这样的错误我也犯过一次,站在一个高度上评判别人,是人性之一,可以说人人都要引以为戒吧。

那次是去朋友的工作室,她平时是一个很喜欢跟人比较的人,喜欢占上风。看到别人喝茶,她也会花大价钱去买茶叶,看到别人画画,她也要画,总之就是有些虚荣,有些矫情。那次在座的有好几个人,都是她请来聊天喝茶的。结果她拿出了一罐咖啡,说今天请大家喝咖啡,然后给每个人的杯子里都倒了一小勺就去拿开水准备泡,还一边说:"这是我朋友从外国带回来的特别好的咖啡,很贵很贵,我喝了觉得很好,也给你们尝尝……"我觉得香气不对劲儿,仔细看了一下,发现她拿出的是咖啡粉。刚刚磨好的豆子,颗粒粗粝,香气扑鼻,但是需要过滤或者放进咖啡机煮一下。不然咖啡粉有大量不可融物,根本没法喝。

我本来可以委婉地提醒她,结果那天就对她这种行为嗤之以鼻,直接说:"这是咖啡粉,不可以直接冲泡,需要煮,你有咖啡机吗?"

她惊愕地说:"没有。"

"没有咖啡机为啥会买咖啡粉?还不如买速溶的可以直接泡来喝的啊,天啊!你居然喝过,你之前是怎么喝下去的!"

她呆住了,大概是没想过咖啡也有区别,又大概是看到谁在朋友圈晒咖啡了,她也要展示自己的"咖啡知识"?

我说:"你不可能喝过这个咖啡,咖啡不是这样喝的。你这样泡下去,又没有过滤网,全都是渣子,怎么喝?"

她惊愕不语,脸也红了。肯定没有喝过,这样的咖啡,任谁也喝不下去。

来的人都很少喝咖啡,都是一群爱喝茶的中年人,只有我写作的时候为了提神,会经常喝咖啡。在我的"科普"下,大家都把杯子放下了,七嘴八舌地说幸亏没喝。

我觉得我没错,从来没有喝过咖啡,非要充什么资深人士,还用咖啡粉来请别人喝。

这个人后来跟我绝交了,有时候活动碰上了,她转身就走。揭穿咖啡这事儿,她不知道有多恨我。想想也是,她来自很偏远的地方,大学毕业留在了大城市,平时大概根本没有喝咖啡的习惯,也不喜欢这个味道。只是想装一下而已,还被揭穿了,面子上挂不住,所以对我眼不见心不烦。

听说她再也不提喝咖啡的事了,因为很多人用这件事嘲笑她。后来,我有点后悔了。其实不用揭穿她,有多种选择可以不喝她这杯咖啡的,或者换一种更友好真诚的方式和她说,给她留点面子。

《菜根谭》里有一句话这样说:"使人有面前之誉,不若使其无背后之毁;使人有乍交之欢,不若使其久处不厌。"

说白了就是,懂得给人留面子,是最大的善良。在这方面,我和我那位心直口快的朋友,犯了同一个错误。

包容一个活在自我局限中的人的夸夸其谈,看破不说破,其实是一份高级的善良。

我特别后悔,可是人生就是一条单行线,你向前走着,没有回头路,唯一能做的,就是在每一次错误之后,积累经验,修正剩下的方向,将人生在不断地修正中走得更好一些。

我们总是吃没有经验的亏,一次又一次,经验是什么呢?是累积的经历与在成功或失败中体悟到的道理,在走过的路上知晓哪里有荆棘,哪里埋了雷,下次可以安全躲避,从而可以通透、平安地活着。

然而人的忘性太大,侥幸心理太强,导致经验失效,必然一次次从头来过。

卡勒德·胡赛尼在《追风筝的人》中写道:"我不在乎别人的过去,很大一部分原因,是由于我自己也有过去。我全都知道,但悔恨莫及。"

不在言语上胜人,不当面拆穿别人,便是在时光中胜己,沉淀下来的经历与感悟,无比珍贵。

第一章
这些年我们都是吃了没有经验的亏

知道自己哪里讨厌真的挺难的，
但是你必须知道

我还在报社上班的时候，新来了一个同事，她是从别处转来的，岁数比我大一些。整个办公室我俩年龄最相近，她自然就跟我多亲近一些，经常找我说话，缓解来到陌生环境的尴尬。后来她发现我朋友挺多的，就问能不能社交聚会的时候也带着她。因为她来自外地，在这个城市没什么朋友，很孤独。

我答应了，有一些聚会就带着她。

没想到她在办公室里是一个样子，出门又是另一个样子。办公室里，她沉默寡言，而聚会时滔滔不绝，处处都要表现自己。那次是一次周末聚餐，每个人都带了一些自己喜欢的菜，也有的带了熟食和酒,拼凑在一起,热热闹闹的。

有个人带了一盒麻辣鸭脖,刚打开盒子,就有人说最爱喝啤酒时啃鸭脖子了。结果她突然说,动物的脖子,尤其是禽类的脖子,是病菌最多的地方,大家尽量少吃一些脖子类食物,并列举了她某个远房亲戚因爱啃鸡脖鸭脖而得了癌症……

她好像是学过医,讲了很多专业的病菌类知识,大家沉默着听她讲了有十几分钟,忍着没人搭言,但表情都讪讪的,很尴尬的样子。

面前一盒鸭脖子,吃还是不吃,真让人为难。

吃饭的时候,有个人说起自己跳槽的经历。没想到她听了马上打断别人,说起自己的经历,而且是从十年前说起,唠唠叨叨讲了几乎半小时。大家无法插话,也无法打断,都沉默得可怕。我打断了几次,才终于打断了她的废话。要知道,这是我第一次带她来这里,所有人对她都不熟悉,也根本没有兴趣去了解她的过去和经历。就算熟悉,也不会有人想听她长篇大论的经历。

我以为这是最后一次尴尬了,没想到她还有第三次。因为有人说到了一个历史名人,这下子又触碰到她的点上,她马上说很喜欢这个名人。然后居然讲起这个名人的生平经历和各种典故来,讲起来没完没了,我甚至分不出她是不是炫耀自己懂得多……要知道在座的不是记者就是编辑,大家的历史知识都很丰富,她说的没有人会不知道,也没有人会觉得有趣。

有不耐烦的已经站起来走了,我只好先一步拉着她出门,谎称有事。几乎是落荒而逃,在回去的路上,她甚至又接着刚才的话茬打算给我讲那段历史……

那次回来之后,大家纷纷打来电话谴责我,问我带了个什么人,怎么会这么讨厌,并宣布下次再这样也不带我玩了。

我也觉得很烦,本来我是好心,结果却适得其反。怪我吗?我哪里会知道她会这么烦人且没有自知。

后来她又找过我几次,我吓得找各种借口拒绝,不但拒绝带她玩儿,我也不想跟她有什么交往了。她觉得和我已经很熟了,是朋友了,只要一坐下来就要给我讲这讲那,有时候是她童年的经历,有时候是她中学的恋爱……她还特别爱给人讲历史典故,医学常识什么的,还有讲她这些年和公婆斗智斗勇的故事。不知道她说的是真是假,后来几乎没人听,她一开口,大家都找借口走开。这样不自知,说起来就没完没了,把别人的礼貌当成兴趣,总觉得自己很厉害,口才好,懂得多,找到机会就想展示。

不但我,办公室里只要和她有过一丝交情的人见她走近都吓得落荒而逃。大家对她的惧怕变成了讨厌,甚至在走廊里遇到都不愿意和她打招呼。

没到一年,她就在单位里待不下去了,找个机会调走了,我能感受到所有人都松了一口气。我想,她在原先的单位恐怕也是因此无法长久的吧。人真的要知道自己的讨厌之处,否则走到哪里也难以立足。但是偏偏,这是最难的。人最擅长的是自我麻醉,总觉得自己独一无二,是不可多得的好人,被讨厌了也不自知,于是只能在这样的恶性循环里挣扎。

后来,又遇到过一次这种人。那人是家里的远房亲戚,有一次春节来我家,大家一块儿包饺子。这个亲戚开启了话匣子,婆媳往事家长里短林林总总滔滔不绝,直说得我快睡着了。那些事儿别人一点兴趣都没有,我心里烦躁又无计可施,只想让她停止说话。

我妈在,我终究能逃避,假装有事逃走了。但是我妈就惨了,作为主人她只能陪着,而且还要装作很有兴趣听的样子。

后来这个亲戚每次打电话说打算来我家拜访的时候,我们都会委婉地说不在家。

后来,遇到的人多了,发现这类人真的挺多的。他们自我感觉良好,以自我为中心,动不动就滔滔不绝,恨不得把自己童年尿床的事都讲给别人听。这些话,谁有兴趣听呢?

他们经常不管别人感不感兴趣,只顾自己说了痛快。

老顽童黄永玉,当年在杂志上连载他的个人传记《无愁河边的浪荡汉子》,他写了很久很久,才写到初中,于是他把笔一扔,不写了。

黄永玉这么好玩有趣,有那么多的人生经历和成就,读者尚且并不热衷他的儿时经历,何况平凡大众的那点平淡往事。

自从认识这个人,或者说被这个人折磨过之后,我知道人最可贵的就是要经常自我反省,拥有自知的好品质。

人知道自己哪里讨厌真的挺难的,但是这个必须知道。

• 第一章 •
这些年我们都是吃了没有经验的亏

很久以后我才明白，
规则有多重要

我做编辑的时候，小报社不是很正规，人也少，常是一个人负责好几个事儿，一切都没有走上正轨。

有一次，我在排版，来了一个广告客户，他只是想做一个夹缝广告，登一个寻物启事。广告部的几个人都在外面跑业务，另一个编辑去印厂了，只有我一个人在。这个人就跟我说了，然后把钱也给我了，我随手把钱和广告内容都放进抽屉里，就继续排版去了。

然后，我把这件事忘了。第二天的报纸没有刊登这个广告，客户马上过来询问，并拿着我开的收据。我想起这件事，给客户道歉，并取得谅解，答应晚一天登这个广告。我以为这样就过去了，但老板却要扣掉我一个月的奖金。他说:"这不是你的职责,可以不接这个广告,但是你既然接了,根据公司规则,就要负责。现在出现了失误,就得有相应的惩罚措施。"

我自然不服,于是辞职走人。

我只是犯了这么一个小错误而已,而且没造成任何人的损失,凭什么要受这么重的处罚?

我没再找工作,而是开了一个很小的家政公司。那几年家政公司是个热门行业,很多人做,流程也简单,在工商局注册一个公司,取得营业执照,就可以开展业务。家政的业务无非就是那么一点儿:保洁和钟点工。

招聘、培训、上岗,很快就开始营业了。只要干活认真细致,不马虎,力求精益求精,打扫完一尘不染,家政公司几乎不会出现什么大的问题。

业务量不多不少,维持我们几个人的生活没有问题。

最开始,我也制订了规章制度,后来随着业务量的增多,就不太遵守了。有一天,来了一个特殊客户,他不找保洁也不找保姆,他想找一个陪聊陪逛的人。因为一个人来到这个城市,寂寞又无聊,每到周末想去吃个饭,都形单影只。我从没接触过这样的业务,但是他说他可以出很高的价钱,并且只限于陪着他逛逛商场,吃个饭,一个周末的白天而已。本来公司里没有这个业务,我直接拒绝就好了,但是又一想,也不是不可以,这样赚钱似乎比保洁还轻松呢,只要有人愿意做不就行了。

于是问了几个雇员,一个才来的,二十多岁的女保洁员说她愿意做这单生意。因为看起来没有难度,在商场里也没有危险,我们三方就达成了协议。

第一章
这些年我们都是吃了没有经验的亏

一天时间很快就过去了,生意做成了,钱轻松赚到了,我几乎要偷笑了。

让我没想到的是,这个男的又来了,还想再请这方面的服务。但是那个保洁员已经不想去了,她说上次被这个男的言语冒犯过。

保洁员这样一说,我严词拒绝了。

这个男的就开始纠缠,他的意思是,你们明明做过一次这样的业务,凭什么又不做了,到底有没有信用?他一次次跑来闹,甚至大喊大叫。我不知道这个男的是什么人,但他这一闹,我特别怕惹麻烦,就关门了。

关门之后自然也懊悔过,如果一开始就拒绝,不破坏原有公司规则,就不会有这么多麻烦事了。

从规则中,想到很多。

诸子百家中,最注重规则的,是墨家。

有一首古曲流传了很多年,叫《墨子悲丝》。传说是墨子所做,当时的社会环境,诸侯纷争,弱肉强食,民不聊生,墨子处在这样的时代,却心存悲悯。有一回,他见人染丝,感慨于这些丝,染了青色就变成青色,染了黄色就变成黄色,从而联想到人生何尝不是如丝一般,没有选择与抗争的余地,被时代与际遇"染"成什么颜色,就会变成什么颜色。又联想到一国之君,统治者,都会受到环境、际遇、境界、思维等等的影响,从而改变自己。

其实就是近朱者赤,近墨者黑的意思。

他创作了这首曲子,发出了"故染不可不慎也"的感慨。

墨子创立了墨家学派,墨家在很长一段时间内,与儒家并称为显学。他是中国历史上唯一一位出身农民的哲学家、思想家。墨子提出了"兼爱、非攻、尚同、天志、非命、非乐、节葬、节用"等观点,以兼爱为核心,以节用、尚贤为支点,形成一整套理论。在百家争鸣的春秋时代,有"非儒即墨"之称。

墨家学派以纪律严明为要,组织严密,生活简朴,每个人都参与劳动。种地为道德,奢华懒惰者被视为违规。

墨家有严格的规章制度,人人遵守,违规者处罚非常严厉。

墨子之后的墨家领袖腹,他的儿子杀了人,按照墨家法律,是要一命抵一命的。但是大家考虑腹只有一个儿子,决定不杀他。腹却说:"墨者之法规定,死、伤人者刑。"规矩礼法,比人情重要,腹坚持把自己的儿子杀了。

通过这件事,就能窥见墨家的纪律、礼法严明。

墨子死后,他的弟子根据他的学说与思想,收录他的语录,整理完成了《墨子》一书。

《墨子》之所以能位列诸子百家的前几位,就是他注重规则的思想,有效而有用。

在公司关闭之后,我才意识到自己的错误,我辞职的那家报社发展的也挺好,井井有条并且报纸的销量可观。

规则就是用来遵守的,否则你制订它做什么呢?规则、秩序,是一个成熟社会的根本。哪一个国家失去秩序和规则,必然发生暴乱,退回到小范围的公司或者家庭也一样,要想维护稳定,规则必不可少。

最高级的炫富，
是炫耀你的经验

五一假期，一个朋友给我发来了一张照片——脸上缠满了纱布。原来，她趁着假期去做了一个面部微整形。

这个朋友对美的追求可以说十分疯狂，她不放过任何一个假期，每个休息不用上班的日子都会去做医美。小则打打美白针瘦脸针，大则会动刀。这种对美的执着，确实让她看起来比同龄人年轻很多，皮肤白皙饱满，鼻梁高挺，眼角也开了，眼睛大大的。只是动的次数太多了，面部有些僵硬且显得假，虽然很好看，但是一看就知道是整过的脸。

这是一种对美的贪欲，无休无止。

为什么要这样呢？就是取悦自己吧。在整容这条路上，她除了付出很多金钱和时间之外，收获的只有心理上的满足。在我看来，她的脸完全失去了自然的感觉，说美也是美的，却失去活力。

因为自恃比别人美，她最热衷的就是和人比美。如果谁在朋友圈发了照片，她千方百计挑一点毛病出来："眼睛不大，鼻子不挺，皮肤不够细腻……"如果没人附和，她自己就会说："不如我好看！"

每个人都有一些贪欲，对美的执着，是一种。

还有一个朋友热衷赚钱，除了钱她什么都不在乎。她整天活在赚钱的焦虑中，睁开眼睛就会感叹："今天要赚多少钱，才能算是完美的一天。"

她每天都给自己定数目，她也确实很能赚钱。不到十年的时间，在陌生的城市赚到了三套房子，两辆车，还有数目不小的存款。我们都以为她可以慢下来享受生活，可是她还是活在焦虑中，觉得还是要赚更多的钱才能好好活着。她每天依然奔波，谈生意，和男人一样喝酒，半夜一点才回家。她说她从来没见过家里下午的样子，夕阳从哪扇窗打进来，蔷薇几时开了，下过雨的黄昏，湿润的泥土气息会不会扑窗而入……她统统没有体会过，房子虽华丽，但是她每天夜里回去，早上就走，常年和家只有短暂接触，而且只是和床接触。

如那个爱美丽的朋友一样，这个朋友很喜欢炫耀钱，有意无意要在谈话中轻描淡写地提一下哪套房子升值了，准备在哪个区再买一套。很少有人有这个财力和精力，每天如她这么折腾。但是你不能说你不稀罕，谁不稀罕房子呢？只怕会被认为你羡慕妒忌，所以她炫耀房子的时候，别人就不说话。她作为话题终结者，一直得意。

第一章
这些年我们都是吃了没有经验的亏

青春的容颜,够多的钱,普通人最欠缺的两样东西。按说她们应该会很受人尊敬,但是恰恰相反,他们不受欢迎,也不受尊敬,且并不是来自妒忌。

倒是另一个姐姐,我们叫她梅姐姐,低调、谦虚,看起来平平无奇的样子,却是最惹眼的,最受尊敬的。

谁遇到过不去的难关,都会想到请教她。无论什么样为难的事,她都会给你指一条最简便的路,或者跟你分析利弊,把问题指出来。

所有人都喜欢跟她来往,尊敬她,这两位却嗤之以鼻。但是那个爱美的朋友有一次遇到事情,在外地上了当。本以为是"艳遇",谁曾想其实是个骗局。她被带到山里的一个别墅,被人鼓动买一个古董。付钱买一个假古董?不买,怕有危险;买吧,已经看出是假货,不甘心。她只好给梅姐姐打电话。梅姐姐意识到问题的严重性,当即放下手中的工作,一点点教她怎么做。梅姐姐让她先是言语恳切一点,表示真的喜欢这个古董,也很想买,但是编个理由钱刷不出来,关键词是恳切,同时梅姐姐马上联系了那边的公安朋友……在梅姐姐的帮助下,她麻痹了那些人,脱险回家。

从此,这个朋友对梅姐姐充满敬意。

梅姐姐也很爱"炫耀",她经常说:"所有难以解决的问题,其实都是人的问题。接触过的人多了,遇到的事情多了,就会在复杂的人与人制造的问题中,找到一条路。"

梅姐姐这个人经历丰富,人也聪明豁达,活得通透。

美,钱,都很好,但是真正好的,是保护自己也能顺便保护他人的经验和智慧。人生在世,安全始终占据第一位。

有一次,我和一位朋友去外地参加一个节目。回来的时候机场工作人员阻止了我们,说古琴不能背上飞机,需要另外托运。本来我们去的时候也是背着琴的,回来却有了规定,于是我很恼火,说话的声音提高了八度。朋友拦住我,自己交涉,他态度很温和,一直强调这琴的贵重,托运出了问题的话,谁也无法承担后果。但是交涉无果,工作人员很固执,说规定不能破坏,我们只好去办托运。那是一张明代的古琴,价值不菲,托运的话确实不放心,但是又没有办法。于是包装的时候,我一直在旁边强调这琴的贵重性,请他们小心,如果磕碰丢失,无法赔偿。我的意思是,让他们包装的时候小心一些,并且特别对待。琴真的很贵,我很担心,没想到朋友急忙制止了我,对工作人员解释我说的话,说琴一般,贵重是因为是自己的心爱之物,这么多年已经弹顺手,弹出了感情,是因为感情,所以说贵重。

出来的时候我不解,问他为什么这么短的时间内有两种说法,一会说贵一会说不贵的。他说,开始强调贵重是为了不离身,目的是为了带在身边,请他们理解。既然无法做到,现在琴必须要离开自己,会发生什么我们已经无法掌控,这个时候再强调贵重,会不妥当。这种地方人多嘴杂,如果有人因此起了贪念,就会失去心爱的琴。不说索赔多么麻烦,机场的赔偿标准也并没有等价的清晰的规定,真出了问题必然推卸责任。退一万步,那时候就算能得到高于原价的赔偿又怎么样呢?心爱的物件是无价的,琴的历史性也是无价的。索性说琴不值钱,免去有心之人的惦记。虽然不一定处处都有坏人,但是人的贪念,有时候就是这么起的,一瞬间,见财起意。

他跟我"炫耀"这套理论,问我有没有道理,我觉得特别有道理,对于我来说,还是缺乏这些处事经验的。

人生经验、经历的累积,思维方式,对人情与人性的洞察,悟性、良善、戒备,真是缺一不可,我心服口服。

其实,炫耀美和炫耀钱,本质上都是一样的,都不如炫耀你的生活经验。钱和美,对于旁观者来说,毫无用处。若无真正的生存本领,美是空的,钱也会失去,但是拥有一颗博大的心和实用的社会经验,才会处变不惊,这才是真正的强大。

别强迫自己去合群，
你够优秀"群"自然会来找你

我们每个人都很怕自己不合群，也都很想进入高级一点的群体中去，以此来获得身份上的认同感，安全感。在这个过程中，让自己适应群，去合群，就非常重要。我也没少做这样的事，在某些方面严格要求自己，去适应我认为必不可少的一些群体。

直到吃了一次特殊的西餐之后，我改变了想法。

现在吃西餐已经很普遍了，如果不是特别高档的西餐厅，也没有太多礼仪规矩。为了创收，有的西餐厅还多了一项本土选择——盖浇饭。所以现在大家吃西餐都比较随便，不要喧哗，不要影响到别人就好。

第一章
这些年我们都是吃了没有经验的亏

有一次帮了一个朋友的忙,她一定要请我们去吃西餐。收到她发来的地址,我倒吸一口凉气。她订了北京很昂贵的法餐,米其林二星,人均几千块。这家餐厅,我光是路过一下就觉得很紧张了。那种低调的华丽感,高雅的品位,舒适又充满神秘感,是我等普通收入者难以想象的地方,也绝不会自己去消费。

因为重视,去之前就开始做功课。那个餐厅是要求穿正装的,我好一番折腾和紧张,还在网上学习西餐礼仪。

吃饭那天,我穿了黑色的连衣裙,可以作礼服裙的那种。另一个客人也很重视,化了淡妆,穿着裙子,但是进门之前她一直在小声说:"出门太紧张了,妆没化好,衣服也没有选好,会被人嘲笑吧?"我没法回答她,因为我也很怕被人笑话,两个人在服务生的引导下坐在门厅的沙发上端端正正等请客朋友的到来。高级餐厅就是不一样,每个人走路都没有声音,高跟鞋或者皮鞋落在厚厚的地毯上,柔软化解了冷硬。

片刻,请客的朋友风风火火进来了。她穿着一件西装,也没有化妆。她一进门门童就迎上去,她将车钥匙递给门童,说了一声什么,于是有人出去给她停车了,她大笑着问我俩来多久了。

我们俩面面相觑,她就不怕丢人?这场景让我想起了《红楼梦》一开篇,黛玉进贾府,见众人站了一屋子,却鸦雀无声,谁也不敢大声说话。忽然王熙凤一路大笑着走了进来,一边大声说:"我来迟了,不曾迎接远客。"林黛玉十分吃惊,寻思这是什么人,怎么敢这样说话呢?

后来她就明白了,王熙凤在荣国府和别人是不同的。别人要守规矩,不敢越雷池半步,她是不怕的,为什么?一是她有能力,她不给别人制订规则就好了;二是她受宠,深得贾母的信任和宠爱,她无所畏惧。贾母为什么宠爱她？又回到第一个问题,这是王熙凤的本事。

林黛玉作为贾母的亲外孙女,进府尚且不敢多走一步,多说一句话,王熙凤却完全没有这个顾忌。

我这个朋友就像是王熙凤。吃饭的时候,只要服务员进来了我俩就很拘谨,她却也不讲究什么礼仪,吃得随意又舒适,还不断告诉我们她的吃饭理论:"反正是在包厢,又没有人看见,何必端着呢？西餐毕竟不是我们土生土长的文化,我请你们来吃,就是为了这家的鹅肝,超级好吃,还有这里的环境,是真正用心设计的。但是真正随意舒服的吃饭,还是要到我们中国餐厅。"

我们俩没有见过这种世面,附和着她,小口吃着鹅肝,觉得还是不要丢了脸才好,毕竟,这么高级。可是具体害怕在谁的面前丢脸呢？房间里只有我们三个人,还不是彼此之间。

我劝解着自己,人是群居动物,不能特立独行,如果你失去了某些方面的体面,破坏了规矩,会被人看不起而疏远的。

所以我当时并没有太赞同主人的理论。

直到餐厅经理听说她来吃饭,特意过来打招呼,还亲切地送这送那,对她尊敬有加,我才在心里暗暗吃惊了一下。想必,她的理论才是对的。

她一看就是超级大客户,这待遇简直就是贵宾。怪不得她这么随意,因为她的地位到达了一个高度,说好听了叫不拘小节,说俗一点就是,你们谁敢要求我？我们俩看着她,她一边吃一边跟这家餐厅的经理谈笑风生,不是说吃西餐的时候不要说话吗？

我有点明白了,所谓的规矩都是给弱者定的。

她这样的人,根本不用适应各种群体,每天都有各种群来找她，请她加入。她要做的就是冷静选择。

我喜欢琴之后，认识了一个好朋友。他是这个行业的佼佼者，能力突出，技艺了得，很多人都想跟他交往，就算交不上朋友，能加个微信也是荣幸的。面对这些，他的做法却很冷淡，也很酷，他把微信设置成了不可搜索。也就是说，你得到他的微信号也没有用，你搜索不到他，也就无法请求加入。也有人求到面前，问他能不能加个微信，他说他没空看微信，也不会在这个上面浪费时间，所以不加人。别人只好讪讪而去。

他只加他觉得可以交往的人，很少会主动去加人。

我看着他这么潇洒地拒绝，这么酷酷的行为，其实十分羡慕。

谁不受这个困扰呢？很多读者，初学写作者，都想要加我的微信。这些人也不是坏人，也没有坏心，也不是存心想打扰你，可是数量上去之后，这个说几句话，那个请教两个问题，基数大啊，多少时间就在这里被浪费掉了。

他敢这样做，能这样做，是因为他和请客的那位朋友一样，做到了强大，所以他能拒绝和随意。对他们来说这就是个性，也是魅力所在。

我认识的另一个人，就完全相反，她很羡慕某个圈子，想加入其中。可是她的资历浅，能力不强，年龄也小，主要是没什么建树。她想尽办法想融入，就剑走偏锋，隔三岔五请圈子中的人吃喝玩乐，从不吝啬花钱。每个节日都不会忘记给这些人买礼物，又亲自开车送过去。这样大概过了一年，她似乎真的融入了那个圈子，有些活动会叫她一起。

但有一次她哭着来找我，说感觉自己是被看不起的。

我早就知道她注定是被看不起的，为什么呢？

能力就像是吸铁石,你的能力到达一定程度的时候,就会吸引各方面的人来靠近你,接近你,你可以从容选择。当你没有能力的时候,你身上是没有磁场的,无论怎样也贴不近高一点的圈子。

我最开始写作的时候,很喜欢几个作家,千方百计加入了他们的群,可是我说什么也无法跟他们聊到一起。他们热火朝天开玩笑的时候,我一出现就常常冷场,就算有人礼貌回一句也十分无趣。如果我主动说话,又没人接茬儿,很尴尬,也很无奈。那是我第一次意识到,我加入他们其实有攀附的感觉,很卑微。

正想着要不要退群的时候,群主突然主动在群里对我说话,说我写的某某小说太好了,他十分羡慕。我急忙回应。从此,我和他们能聊到一起了,再也没有人冷落过我。

人是群居的动物,大都很怕孤独,需要归属感,想得到一个群体的认可。经过了这些事,我积累了经验——再想进某个群体的时候,我不会再努力去靠近,因为那没用。群体都是有排他性的,这是人的本能,也是对自己情感的一种保护。一个群体很难欢迎新成员加入,除非你有本事。

这些经验,是吃过那一顿昂贵的法餐之后明白的,是好朋友酷酷的行为影响的,也是我从无法融入到被接纳这漫长的时光中体会到的。这一切,都沉淀成了今天的结果——修炼自己,让自己更优秀,你就会掌握主动。

拥有一定能力的人,从不担心被群体抛弃。但凡总是担心自己被"群"嫌弃的人,内心都虚弱不堪,毫无支撑点。他们要做的,不是尽快合群,是尽快让自己优秀起来。

尼采说:"人的精神有三种境界:骆驼、狮子和婴儿。第一境界骆驼,忍辱负重,被动地听命于别人或命运的安排;第二境界狮子,把被动变成主动,由'你应该'到'我要',一切由我主动争取,主动负起人生责任;第三境界婴儿,这是一种'我是'的状态,活在当下,享受现在的一切。"

自我的状态,其实是一个高峰,最起码是自己的一个高峰,这才是最好的状态。

第二章 / 最好的人生不是透支，而是掌控未来的能力

美好就在眼前，只要你看得见 / 世无玉树，请以繁花当之 / 天从不渡人，人都是自渡 / 世间最好的感受，就是发现自己的心在微笑

第二章
最好的人生不是透支，而是掌控未来的能力

君子不立危墙，
不设防也是危墙

最近有个新闻，某县发生了一起刑事案件，一盗贼乘只有女主人一人在家的时候，入室抢劫强奸，家里值钱的东西都被拿走了，就连藏在卧室内衣盒子里的首饰也被翻出来拿走了。

这个案子蹊跷之处就是案犯对这个家庭简直轻车熟路，知道当天只有女主人在家，知道贵重物品藏在什么地方，还知道门口的监控坏掉了。

破案后得知，犯罪嫌疑人就是女主人的一个远房亲戚。女主人比较爱说话，聊起家事的时候很少顾及安全问题，随口就说。一些生活细节就这么被有心人听去了。犯罪嫌疑人赌博，输掉全部的钱之后,实在想不到弄钱的办法,于是,抢劫了这个亲戚家,强奸了女主人。

我想起有一年,我为了减肥,每天晚上出去快走。在路上经常遇到一个邻居,遇到了就一起走一会儿,顺便聊聊天儿。她住在顶楼,我们几乎每天都遇到,我想都没想过对一个中年女性邻居设防。聊天时虽然有一搭没一搭,但几乎她问啥我就会说啥。

一天,我妈来找我,严肃地对我说,那个邻居遇到了她,跟她说了一路话,几乎了解我的一切生活状况。我妈警告我小心点,不要把自己的生活透露给别人。虽然人家不一定是坏人,但是防人之心不可无。

我惊出一头汗,因为聊天都是无意的,我想都没想过,这个邻居能记住我所说的每一个小细节并且拼凑出了我的全部生活。如果她是个坏人,我还真挺危险的。

虽然她并不是坏人,只是喜欢八卦而已。

我妈没有什么文化,说不出什么大道理,但她说的却是最朴实的道理。我一个好朋友也和我妈妈一样,为这事儿批评过我。在越来越多这种社会新闻中,我不得不承认,他们才是充满了生活智慧的人。

具体事情是这样的。

有一次,我跟一个朋友一起去外地。他住得比较远,我又比较磨蹭,我就拜托我一个相熟的司机先去接他,接完他再接我。那一年我频繁去外地,打车去机场的时候遇到这个司机。人很好,车很宽敞,收费合理,也愿意跑机场,我就留了他的电话。每次出门都跟他提前预订,有时候半夜回来,也会提前订下他来机场接。有这么一个相熟的司机,其实省了好多麻烦,半夜到家或者凌晨出门,

第二章
最好的人生不是透支，而是掌控未来的能力

打一个陌生的车总是不踏实。这个人老实憨厚，有时候我就算在后座眯一会儿也不会担心有危险。所以这次，我又约了他。

那天，付完钱走进候机厅，朋友就开始给我上课，并且批评了我。他说我不过是坐过这个司机几次车而已，却毫不设防，人家几乎知道了我所有的生活、工作情况。更让人吃惊的是，我朋友一上车，司机就认出他，说在我的朋友圈看过照片。这也是朋友批评我的地方——朋友圈最好都是朋友，因为发的东西太家常，有心人很容易拼凑出一些信息。对于不是朋友的人，完全可以设置不让他看朋友圈。

我也没想到，这个司机好奇心这么重，经常翻我的朋友圈不说，还记住了我朋友的长相，因为我发过他的演出照片。

朋友怕我不服，还拿出手机。原来这一路上，这位司机一直跟他聊我的事，他就打开手机录了下来。录下来的目的是想告诉我，人家对我有多了解。我想了想，这个司机超级爱说话，我一上车几乎没法沉默，他总有话题跟你聊。我想着到机场一个小时，闲着也是闲着，那就随便说说话吧，也省了这司机犯困。我清楚地记得每次话题都不一样，有时候聊工作，有时候聊出门目的。很多人对我的职业好奇，东问西问，我想答的时候就回答一下，不觉得有什么不妥。但是这个司机很聪明，他拼凑了一下，就把我的生活工作等情况都掌握了。

朋友还是那个意思，人家不一定是坏人，但是我这个不设防的性格，必须要改。人性之恶，有时候就是一瞬间的事，知道你总是一个人在家，收入不少等这些都是隐患。这个人很好，但你能保证他不去跟另一个人提起吗？另一个人也很好吗？万一那个人赌博呢，缺钱呢？心术不正呢？人与事，环环相扣，万一有危险怎么办？

多少刑事案件由此而来,我听得一头冷汗,因为不是第一次犯这个错误了,这次我深刻反省了自己。

《红楼梦》开篇就是一首《好了歌》。《红楼梦》第一回甄英莲被拐走,甄士隐家业破败,夫妻二人伤心欲绝,生计无着。回到乡下又赶上水旱之年,鼠盗四起,他又不懂经营生活之道,于是变卖了田产投奔岳父。岳父卑鄙贪财,不但不帮他们,还把他仅剩的一点银子也算计去了。天灾人祸,生离死别,甄士隐贫病交加,走投无路了。一天在街上,他看到一位跛足道人吟唱此歌,讽刺世人追名逐利,爱呀恨呀全是虚无,经历世态炎凉离别苦的甄士隐即刻觉得此歌如当头一棒,他当即就跟着道士走了,向无涯未来而去。

甄士隐就不设防,他本来丢了女儿,家里又着火了,剩下的家业虽然不多,但是维持生活还是可以的。结果,这不多的家业也被岳父骗去了,他完全想不到也不知道怎么保护自己、保护家人,所以才走投无路,出了家。

《好了歌》蕴含生存哲学,也包含佛教思想,好便是了,了也意味着好。人生之虚无,繁华之空幻,不过好到了,了到好,福祸相依,爱恨纠缠而已。

佛曾给"缘起"下了这样的定义:若此有则彼有,若此生则彼生;若此无则彼无,若此灭则彼灭。这四句就是表示同时的或者异时的互存关系,和《好了歌》意思是一样的。

但是甄士隐的人生本不该这样,他生活富足,读书作诗精神也不贫瘠;他心地善良,无条件帮助贾雨村,资助了银两又资助衣物。他是输在不懂生活,不会分辨好人坏人。如果一开始他能看出仆人霍启的不靠谱,英莲不会丢;或者他能察觉岳父的阴狠,留一些余地,不至于被他把家当都骗去,总可以活下去。可是他却走到了绝路,除了死,就只有出家一条路了。

　　读到甄士隐,想起那次好朋友的告诫,人生在世,需要好好保护自己。

美好就在眼前，
只要你看得见

  我有一个认识了十年的好朋友，她心地善良，心无城府，是个很好的人，唯一让人害怕的就是她太悲观了。
  我们是互相羡慕的那种，我羡慕她长到三四十岁，除了感情问题无忧无虑，一直有父母庇护，也有稳定的工作，长得也好看，女儿也乖巧。她的经历简单，大学一毕业，进了稳定的事业单位。父母给她存了一笔钱作为她未来生活的经费，她赚的钱自己花。她女儿乖巧聪明，在别的孩子叛逆得要命的年纪，却一直努力学习，几乎没费什么力气就考上了理想的大学。但是她一直郁闷，甚至怀疑自己得了抑郁症，每天起床都要哭一场，因为觉得没有乐趣，没有意义，没有开心的事。

她羡慕我就一点：我活得一直很开心，她无论如何都做不到。我小时候生活在农村，家里穷，又重男轻女。我天生喜欢画画，喜欢读书，但是没人支持，看书时间太长还要被打骂，因为耽误干活儿。哪里有机会去做自己喜欢的事呢？后来结婚，生活一地鸡毛，每日做不尽的家务还要带小孩，离梦想更远。三十多岁，终于有了一些底气，和过去彻底告别。离婚，开始写作，养孩子，买房子。一转眼就折腾到快四十岁，经济上稍微宽裕一些，各方面也都顺遂了，我终于拿起笔开始画画。很多人问我，是不是从小就有画画的童子功，我就笑一笑不回答。如果按照这样的经历算，我们俩确实应该反过来，不快乐的应该是我，每日里无忧无虑的应该是她。

我做的一直都是自己喜欢的事，从小开始，我的目标就是这样。虽然这一路走得慢了一些，但是一直在接近目标中，直到如今我实现梦想，所以我一直开心快乐，积极乐观。

人到中年热情洋溢做着自己喜欢的事，从不被任何外界的眼光打扰。她喜欢，但是她不敢。不敢像我一样去跟着年轻人学习，不敢面对别人的闲言碎语，别人会说："你这么大年纪了，不好好培养孩子，自己去学什么东西。"

桌子上有半杯水，悲观的人会说："只有半杯了呀。"乐观的人会说："还剩半杯呢！"

所以我觉得我去学画画的时候，才四十岁呀，如果人生可以活八十年，我才走了一半呢，没理由不去争取下一个四十年。

黑柳彻子在《窗边的小豆豆》中说："世界上最可怕的事情，莫过于有眼睛却发现不了美，有耳朵却不会欣赏音乐，有心灵却无法理解什么是真。"

如果在生活中能一直发现美,就会快乐、乐观。音乐是美,童心是美。秋风摇落一片树叶,夏木遮住了一片天,树梢却传来了黄鹂的鸣叫,春天的花开了,冬天下雪了,所有的一切都是美,都是快乐。

生活中常会遇到这么一类人:悲观厌世,无论什么事,他看到的永远是消极的那一面。这样的人,相处起来很压抑,也很累,你需要不停地给他灌输能量和阳光,他还不一定会吸收进去。最可怕的还不是他吸收你的能量,而是你被他的悲观感染,失去原本的好心情。

经常有朋友问我:"怎样做到一直开心,没有烦恼?"

我无法说我命好,一切顺利。我是拿到一手差牌的人,命运从来没有眷顾我,每一步都卖力地走。这样的好处就是非常踏实,非常容易满足。平静的生活,一直走在追寻理想的路上,别无所求。

《红楼梦》中,大观园的最后一个中秋夜,林黛玉和史湘云到凹晶馆去联诗。月色皎洁,湖水静谧,爱玩的史湘云说:"这会子坐上船吃酒倒好。"黛玉亦叹亦嗔回她道:"事若求全何所乐。"

哪有十全十美的人生呢,这两位父母双亡寄人篱下,确实很难如意。但是黛玉接下来说了一段话:"不但你我不能称心,就连老太太、太太以致宝玉、探丫头等人,无论事大事小,有理无理,岂不能各遂心者,同一理也,何况你我旅居客寄之人哉!"

贾母丧女,白发人送黑发人,儿子不争气,孙子孙女的婚事总不能如她的意,连最高权威者老太太都有烦恼,可见旁人。

其实谁能没有烦恼,只是烦恼是一天,开心也是一天。我解压的方式就是躺在地毯上,仰头看着我收藏的满屋子的书,这是我的乐趣之一。开心的时候买一批书,不开心的时候买一批书。赚一笔钱就买一批书,满足自己,总有理由。书很便宜,却都是我送给自己最好的礼物。

我女儿在这一点上很像我,有一次考试,刚刚及格,她拿着试卷回来,高兴地对我说:"妈妈你看,这两道题我居然做对了!"

满卷子的大红叉,她却只看到自己做对了两道题!

她的快乐那么真实,根本没为自己这么低的分数而沮丧,是真的为做对两道题开心。朋友在旁边听了笑得不行。原来乐观是这样的,虽然容易练成学渣,但是快乐却留下了。

苏东坡有个和尚朋友佛印,俩人经常斗来斗去。有一次,两人又斗上了,彼此形容对方。苏东坡说:"在我眼里,你就是一坨屎。"说完哈哈大笑,觉得自己这次赢定了。天地万物,污秽低贱,一坨屎,已经是至极了吧。再怎么比喻,佛印还能越过这个去吗?没想到,佛印听到这个评价,微微一笑说:"你在我的眼里,就是一尊佛。"

苏东坡吓了一跳,佛印智力正常,摸摸脑门也没有发烧,怎么会这么说,而且对自己把他比喻成屎也不生气。接下来,佛印的话让他的得意烟消云散。佛印说:"你心里有什么,你眼睛里看到的就是什么。"

这两个人,看起来是对佛家文化感知的较量,比的却是心的境界。

其实,面对人世种种,也是这样的。心灵清静了,才能感知大自然赋予我们的美好。同样是一池荷花翩跹,莲叶清脆,有人看到的是名是利,是浮华是绚烂;有人看到的是清是美,是干净如水的一片天地。这种感知,是一种心的修炼。

所以有了悲观和乐观之说,我开始都会劝人家想开一点,看到好的一面。后来,我明白当你觉得这个尘世遍布肮脏和阴暗时,眼睛里就没有美,内心也无法感知美和善。你心里有什么,你就会感知到什么。有的人看这世界是恶的、污浊的,却也有人看到的是美的、清的。

第二章

最好的人生不是透支,而是掌控未来的能力

世无玉树,请以繁花当之

我们都知道,事无绝对,有一分好却有二分坏的事,也有一分坏却还存两分好的事。正是这些不确定,不绝对,让我们陷入了抉择的困难中。婚姻不如意,但是一定要离婚吗?父母总是干涉生活,一定要搬出去吗?这些细小的不绝对的事,让人失去了快刀斩乱麻的勇气和决断。

我一个远房表姨,对父母包办的婚姻不满,一辈子也没有看上我姨夫,活得很憋屈,但是因此离婚吗?这个男人也没出轨,也没家暴,也没赌钱,只是懦弱而已,没有特别的理由必须离婚,那就将就着吧。于是,她一辈子都没有快乐过。现在老了,依然分居,但更不可能离开了。只是,心有不甘,心情不好导致身体不好,浑身都是病。她最常说的一句话就是:"这辈子白活了,没有一天真正舒畅过。"

还有一个文友,在小县城政府部门做文员,因为是特别偏僻的地方,她在最底层,又没什么实力,几乎所有的工作都推给她,可是工资才两千多。就是这么一份工作,挤压了她全部的时间和精力,还经常加班,让她有透不过气来的感觉。辞职吗?毕竟是政府部门的工作,稳定,所以一直拖着。如今半生时光已过,对于那些勇敢追梦的人她常常羡慕,叹息自己命运不好,她没有勇气斩断旧生活,依旧在那个小县城,在那个岗位混着剩下的日子。

我们村有一个老人,一直独居,因为他的妻子年轻的时候爱上了别人,私奔了,再也没有回来。他痴痴地等着,以为总会有那么一天,她良心发现,回头来跟他过日子。几十年形单影只,如今老迈,无儿女,病中也无人问一句粥可温。他后悔不迭,如果生命可以重新来一次,他不会再这样等,他会重新开始一段人生,勇敢斩断过去迎接新生。

他们的不如意,其实就是少了一份决断与割裂,前怕狼后怕虎,等着有人拯救,所以很难过好这一生。相反那些果决的人,永远知道自己要什么的人,都可成大事,最起码也收获一份精神上的满足。

抗战之时,杭州艺专整改,不符合校长林风眠的理念,林风眠毅然辞职。

他可是校长,举足轻重的艺专校长。居住在湖边别墅,出入有专车接送,他可以自由作画,自由授课……能不能再忍一忍呢?他一分钟都没忍,马上递交了辞职报告,收拾东西走人。

第二章
最好的人生不是透支,而是掌控未来的能力

大画家林风眠从杭州艺专辞职,因为他觉得自己没办法做一个官员类校长,他永远只是一个画家,一个老师。这次辞职他没有回上海,怕连累家人,他一个人跑到了嘉陵江,过起了隐居生活。

事实证明,他的决定是对的。林风眠走后,林文铮夫妇也遭遇排挤,被艺专辞退,二人流浪在昆明,最后导致蔡威廉惨死。

林风眠在嘉陵江旁住了六七年,这七年是中国大地混乱的七年,却又是林风眠平静的七年,他以此避开了战乱。只是生活很艰苦,他开始住在一个仓库,后又搬到一处小茅屋,依然是简陋到只能维持最基本的生活。

据探望过他的人说,林风眠在这里的住处,简单到不似有人生活。房间里不过一张木桌,一块案板,几许油盐酱醋。如果不是桌子上的笔筒里插着数十只毛笔,如果不是墙上挂着他画的水墨画,谁也不会把这个普通的中年男人和大画家、大校长联系在一起。

油瓶之侧便是笔墨,一手烟火一手诗,这才是真正的林风眠吧。他这一生不做他想,只愿画画,纵然被命运携裹着滚了几次浑水,还是站起来拍拍身上的泥水,干干净净地走了。

林风眠对自己这一段生活的评价是:在北京和杭州当了十几年校长,住洋房,乘私人轿车,身上一点人气几乎都耗光了。你必须真正生活着,才能体验今天中国几万万人的生活,身上才有真正的人味,作品才有真正的生命活力。

扎根在土壤里,做一个接地气的人,才能画出接地气的画。

在别人看来,这是苦行僧的生活,简直是自我惩罚。所以普通人也就是普通人,物质为乐,追求安逸。林风眠想得开,在这样的世道中,有所得便会有所失,他想要的是纯粹,便只能舍弃世俗之安稳。

吴冠中是这样描绘恩师这段生活的：卢沟桥的炮声惊醒了林风眠为艺术而艺术的春梦。随着全校师生，随着广大人民，他坠入了苦难生活的底层，滚进了国破家亡的激流……这是林风眠的诞生！

林风眠不是坠入国破家亡的苦难，这其实是他的一种选择。他一生纯粹，无法面对纷繁复杂的人世，物质上的清苦，反而比精神上的难挨要好过得多。他虽然做过风光的校长，但他是山野长大的孩子，他不怕苦，不怕清寒，他最怕无法保持纯粹。

在这里，林风眠放弃了油画，用全部的精力和时间来画水墨画。

一个人，一间屋，收入微薄，生活简单，没有家人，没有亲友，清静，也清寂。一种淡淡的孤独，无法排解的孤独，围绕在身边。他每天都在画画，画的题材也丰富多样，但是纵观这时期的每一幅画，似都被这淡淡的孤独笼罩。

想陶渊明隐居的时候，也是一个人，一屋，一块地，种菊喝酒，也是笼罩着淡淡的孤清。孤独，是与生俱来的营养品吧，恰到好处的时候它能滋养性情，完成潜意识里的生命使命。

林风眠依然是那个不断探索、创新，寻找突破的艺术家。他开始研习宋画，这在之前是没有过的。无论是临摹《芥子园画谱》阶段，是出国回来之后，还是流亡的那一路，尽管已经开始着重水墨，却并没有时机和大块的时间来研习宋画。隐居之后，所有的俗务都远去了，他翻出了宋画。

中国绘画史源远流长，从魏晋的崇尚神话与宗教题材，到唐代的山水人物之大成，再到宋画的写生逼真与纯熟，再到元之清逸，明之隐逸……各有特点，各有千秋，各有缺憾，然而对于宋画小品达到的绘画高峰，并没有人有异议。

林风眠研习宋画,渐渐受到启发,开始学习宋画小品构图法,形成了方纸构图布阵。这一尝试,便形成了著名的林风眠格体,风靡一个世纪,到今天还被人推崇。

林风眠在这里居住到抗战结束,这七年的时间,他就只做了一件事:画画。画斗方,在斗方间融汇万物。

这期间,他绘画的线条与色彩都达到了炉火纯青的地步,他画得飞快,心无旁骛。

他这个时期画的画大多是风景、花鸟、仕女、静物,淡淡的、悠然的。你看着画,画也看着你,将你代入一个悠远的夏日午后中去。一点闲愁,半分孤独,但是内心是安静的。

这之前,林风眠执着于向现实开刀,画的都是沉重的作品,以笔为刀,刺向一切的不公平和残酷。

自称是"好色之徒"的林风眠,不但在水墨画上独创出"风眠体",还在色彩上摒弃前人,进行了大胆地尝试。

中国画发展了几千年,水墨为上,追求古雅清淡,最忌色彩杂乱浓重,一旦画面色彩深重,便被称为格调不高。林风眠根本不管这些,他如一个任性的孩子,在色彩间徜徉,为了保持色彩的厚实感,他先用水粉厚厚在生宣上走一遍,颜料中融入墨色,用厚重的水粉或者墨色托色。这样一来,居然完美解决了墨一下子淹入宣纸时迅速渗入、四散的问题,将颜色都固定下来了。

说到底林风眠用水彩厚涂生宣的方法,其实还是来自油画。他的画,就厚重感来说,比油画更轻薄清透了,而比传统的中国画又更浓丽了。在这两者之间,他一点点探寻着途径,一点点尝试着新意。

这份求新创新,正是因为他的果决,果决辞职,隐居在此,远离乱世,才让心如此安定,专心作画。

这隐居中的创新,使林风眠创造了风眠体,也使风眠体成就了后来的林风眠。他就是他,独一无二,和任何一个画家都是不同的。

世无玉树,也无完美。拖拉只会害自己后悔,果决,往往能开出更繁盛的花。

· 第二章 ·
最好的人生不是透支,而是掌控未来的能力

天从不渡人,人都是自渡

今天又在群里看到一个成员诉说失恋的痛苦,大概是第十次了吧,她在群里哭诉。这个人三十多岁了一直嫁不出去,甚至连正经的恋爱都没好好谈过,总是刚刚有点意思,对方就消失了,或者明确提出他们不合适,消失的远远的,每到这个时候,她就要倾诉一次,发泄一次,内容都大同小异,我们已经见怪不怪了。

她像往常一样痛述童年阴影给她带来的伤害,说她父亲出轨,母亲生气就拿她发泄,经常打骂她,奶奶则嫌她是女孩,不疼爱,也不关心……就是这些童年的成长经历,导致她长大后不会爱,不懂接受,也不愿付出,才有了今天……听到这一段,我就假装睡觉去了。

她明明是自己的问题,要了钻戒要金手镯,要了金手镯还想婚后不工作。男朋友明明只是一个工薪阶层,她非要把人当富二代使,自己本身又是个无才无貌,脾气又不怎样的普通女孩。供不起,还躲不起吗,她被甩是早晚的事。

这不关童年阴影的事,这是没有自知之明。

我见过她,胖,不打理身材,也没有穿衣品位,只一味穿红穿绿瞎搭配。最关键是她不思进取,每天的爱好就是躺在沙发里吃着零食看偶像剧,也没个正经工作,没有一技之长。前些年给杂志写写文章,也是偏向地摊那种杂志,在色情与暴力的边缘试探,以此吸引眼球。后来这些杂志都消失了,她的生存出现问题,就跟家里要钱开了一个宠物店,宠物店也是想不开门就不开门,并没有用心去经营。

这样的条件,三十八岁的年纪,一无所有。嫁人吧,又挑剔得不行,这个不好看,那个是二婚,这个不买钻戒,那个不浪漫……最后一次次被各种男人拒绝,她就去怪童年不幸,是原生家庭影响了她的命运。

总是有人一脸哀痛,将成年的失败和懦弱一股脑推给童年阴影:

我被甩了——我爸当年出轨,导致我不会爱;

我离婚了——我爸妈感情不和,让我对婚姻恐惧;

我心理扭曲了——我童年没有得到爱;

我事业不成功——小时候我爸天天打我,让我对世界充满了恐惧……

再加上这几年伪心理学流行,鸡汤乱飞,总有那种不负责的公号发文,如:不幸的人用一生治愈童年,幸运的人用童年治愈一生。

我承认童年会对一个人的性格或多或少产生一些影响,但是用得着这么夸大童年阴影吗?心理学又不是玄学,既然是自己的心理,当然能自我矫正。

一个人行走在人世间,经历各种事,学习与世界的相处之道,一路与自己和解,由年轻气盛到心平气和,由懵懂无知到经年不惑。一些人聪明而智慧,遵循人生规律,变得越来越好;一些人愚笨而冥顽,少而不学,成年无为,变得越来越差。于是,就将这一切推给了童年阴影。

我认识一个畅销书作家,她小时候父母离婚,母亲脾气变得很暴躁。有一次甚至将她养的心爱的小猫从楼上扔下去摔死了,小猫就死在她眼前,她难过到窒息。

按照这些人的说法,这样的童年经历够让人的心理产生阴影了吧?

我这些年看到的她,美好、快乐、喜悦,文字也温情慈悲,从没见她有过丝毫戾气。她爱护小动物,甚至爱护每一棵植物,文字温暖而有灵性,所以她的书出的很少,但是出一本畅销一本,粉丝无数,我也是粉丝之一。

当你看到一个女子这样宁静美好的活着,这样单纯而可爱地写着,就像看到花开一样,满心里都是欢喜,觉得人间值得。

而这个爱抱怨童年的人呢,她眼睛里都是戾气和怨气。

阿黛尔号称"格莱美的亲女儿",她的才华有目共睹,当年仅凭专辑《21》就创下三千二百万的唱片神话,并被美国"公告牌"(Billboard)评为史上最伟大的专辑。光芒万丈的她还斩获了十五座格莱美奖,一座奥斯卡奖,一座金球奖,实至名归的荣耀无限。但是她的童年却充满不幸,阿黛尔在三岁时被亲生父亲抛弃,她的成长中从没有得到过来自父亲的爱,这是多么大的缺失。然而这并没有影响阿黛尔风华绝代,幸福完美的人生。

一个正常人十八岁之前,或许能被童年的经历牵扯和影响,成年后,总会有自己的思维方式和判断能力。学习和成长都是过程,成熟稳定的思维能力和价值观,才是最终目的。岁月会馈赠每一个人,不会因为你经历过童年不幸就绕过你,也不会因为你童年幸福就格外优待你,一切都靠自己的修为悟性。

你不学习,不成长,不思考,不累积经验,当岁月经过的时候就把你绕过去了,关童年阴影什么事?

如果童年经历真那么重要不可更改,那怎么解释兄弟姐妹间迥异的性格和人品?

还有个说法,童年越缺什么,长大越疯狂想得到什么。这话说得也太没有逻辑了,请问难道有完美的童年吗?如果有,是什么标准?如果没有,那每个人都有所缺失,长大了都疯狂想弥补童年的缺憾,岂不是满大街都是疯子?

童年缺失点啥很正常,就像人走完一辈子也总会缺失点啥,没有十全十美的人生,也没有十全十美的童年。缺啥都行,在岁月里慢慢修正,一点点走出来就好。千万别缺心眼,缺心眼的话,时光穿梭机带你改写童年,也救不了你。

童年阴影不是失意的挡箭牌,它什么也挡不住,只会暴露你试图藏在后面的懦弱。

如果很失意,请学会自省,从自身找原因,千万别拿童年阴影做借口。

人心的历练，
是要一直保持一颗平常而慈悲的心

看新闻，有个人因为放生蛇被拘留了，因为她放生的是毒蛇，严重影响了此处居民的生活安全。

这几年有很多人迷恋放生，以功利之心去行事，期待能给自己积攒一些功德。

有一次，一个信佛的熟人劝我跟她一起去放生，我觉得挺有意思，就跟着她去了一次。原来就是到市场上买一些鲤鱼放到河里去，这些鲤鱼都是人工饲养的，本来就是为了给人吃的，在摊位上，摊主也只是维持着它们的呼吸，生命质量已经不高，而且这些鱼是低智生物，到了河里根本不会找东西吃，最后还是被人捞起来拿回去吃,何必呢?

放生,据说能积攒福报,是否真假无法确定,但是善良是提倡的。如果善良被利用,就很难获得善果了。

前年深秋,跟朋友去五台山,爬上去的时候,有人在半山腰兜售小狐狸,挨个拦住游人问放生不放生。小狐狸被关在铁笼子里,模样楚楚可怜。我问了一下价格,放一只小狐狸五百块钱。

人的善良,就这样被利用了。我环顾四周,方圆几里内都没有树,山坡也不陡,这小狐狸一直被饿着,就算被放了也跑不远,逃跑路上说不定早被这些商家下了机关。这个人五百块买来放了,他们马上抓回来,再等下一个人来上当。

既然放生是积攒功德,那么这些抓来生灵,等人买了放的人就不怕缺德吗?就不怕受到报应吗?可见,此说法并不可信。

人生在世,都想多积点阴德,多修行善果,但是怎么做,做什么,大都是迷茫的,所以出现了放生的买卖群体。

人真正的慈悲,不是买点什么放生,而是心存善意,天地万物都平等。

最近看《护生画集》,体会了真正的慈悲与功德。

1927年,丰子恺在家里接待弘一法师,并在自己生日这一天皈依佛法,正式拜弘一法师为师。俩人商量共同编写一本《护生画集》,丰子恺画画,弘一法师撰文作诗。

《护生画集》是一部奇书,是丰子恺先生重要的代表作。遵弘一法师嘱,从这一年开始,每十年作一集,各为五十幅,六十幅,七十幅,八十幅,九十幅和一百幅,与弘一法师年龄同长。这部画集共有六册,从开始作画到全部完成,长达四十六年。

弘一法师在世的时候,丰先生把它当作是送给弘一法师的寿

第二章
最好的人生不是透支，而是掌控未来的能力

礼；弘一法师圆寂之后，丰先生又把它看成是对弘一法师的怀念。

当然，《护生画集》最主要讲述的，是发自心底爱护生灵与心灵的呼吁。书里面怀着对天下苍生的悲悯，也抒尽了一个大师大善的情怀。护生，护佑万种生灵，犹如玉净瓶里的水，每一滴，都是清凉的，超脱的。只有深入众苦，才能远离众苦。

南北朝，佛教禅宗传到了第五祖弘忍大师，弘忍大师渐渐老去的时候就想在弟子中间寻找一个继承人。他要求徒弟们每人做一首关于禅意的诗，谁作得好就传衣钵给谁。大弟子神秀是弟子中的翘楚，他也很想做这个继承人，又怕太高调了目的性太强，违反了佛家无为而治的意境和宗旨。所以，他就半夜起来，在院墙上写了一首禅意诗："身是菩提树，心为明镜台。时时勤拂拭，务使染尘埃。"意思是要时时照顾自己的心灵，通过不断修行，来抗拒尘世的诱惑。

第二天早上，大家起床看到了这首诗赞不绝口，议论纷纷，有人还大声诵读。弘忍大师没有言语，任凭大家议论得热火朝天。

这时，厨房里一个烧火的僧人慧能听到了，随口吟道："菩提本无树，明镜亦非台。本来无一物，何处惹尘埃！"弘忍大师一听，行啊，这个人才是有慧根的人，于是就把衣钵传给了他。

神秀还是入世了，他强调了修行的重要，却没有清空心灵。慧能却正好相反，是一种出世的态度，世上本来就是空的，看世间万物无不是一个空字。心本来就是空的话，就无所谓抗拒外面的诱惑，任何事物从心而过，不留痕迹。这是禅宗的一种很高的境界，领略到这层境界的人，就是所谓的开悟了。

深入万物才能体会万物，深入万物才能超脱万物。

雏儿依残羽，殷殷恋慈母。母亡儿不知，尤复相环守。念此亲爱

情,能勿凄心否?

怜幼鸟,从而想到人。无论是鸟还是人,谁失去了亲人能不悲伤凄楚呢!所以,人类对苍生悲悯一点,再悲悯一点,让它们和我们一样,同等享受这世间安定吧!

《护生画集》,处处都是杨枝净水,一滴清凉的况味。

不过,《护生画集》更多了些超然,也上升了一个层次,基本达到了众生万物同等的境界,其中不但包括小动物们,也有植物。

落花辞枝,夕阳欲沉。裂帛一声,凄入秋心。

一花一世界,一草一人生。

落花翩然,在夕阳沉坠的一瞬间,落在了地上,一声哀哀长叹撕裂般,晃疼了秋心!落花萎地,离开枝头,亦是离苦。

它听到了,听懂了落花辞枝的声音,感觉到了那一刹那的秋心无奈不舍,如撕如裂。一个人只能心里怀了真正的大悲悯,才能放下诸多的红尘纷扰,口舌诱惑,从内心里,去关注一花一木,一虫一鸟,这便是佛缘吧。也或者说,是必不可少的修行,修身,也修心。

《护生画集》是丰子恺的作品,亦是弘一法师的心语心声,天下,是万物的天下,是全部的苍生的福泽。

将心清空,摈弃名利贪念欲望,方能感知一花一草的喜怒哀乐,一虫一鸟的心灵渴望,方能佛缘起,净化成佛。

慈悲心,不仅仅是佛家弟子的专利,应该是世人都有的。

我给喜欢放生的朋友讲了这两个故事,画就《护生画集》的丰子恺和弘一法师,带病为佛门护送舍利的赵朴初先生,他们并不是流于放生的形式。他们做的才是真正慈悲的事,真正修心的大善事。

第二章
最好的人生不是透支，而是掌控未来的能力

选择错了情有可原，
不要让自己泥足深陷

明确的放弃胜过盲目的执着，这句话是林语堂说的，这是经过了多少人生的积累与经验的提炼，简直太准确了。

生活像一团丝线，千丝万缕，纠缠起来一重又一重，有时候确实很难理清。理不清，也就不存在放弃与执着，而是凌乱与混日子。

我有一个没有见过面的文友，从一开始写文的时候我们就给同一家杂志写，后来就认识了，每天在线上互相陪伴，写文。

她比我小两岁，结婚十年了，一直没有小孩。开始的日子过得很好，没有小孩，二人世界反而特别浪漫清静。可是一过了三十岁，男人突然开始着急了，疯狂想要个孩子，婆婆也专门住过来，就为了监督他们生孩子。

她也很积极，可是折腾了一年还是没有怀上。去医院检查身体，发现是她子宫后移，宫寒，很难怀孕。从此之后，她就成了家里的边缘人，谁都能给她脸色瞧，老公也不像之前那么宠她了。她偷偷哭了一段时间，决定去治疗。她从此走上了漫漫治疗长路，时间和金钱是一方面，主要是治疗这种病太痛苦，我听她描述每次去治疗，一根长长的针穿过肚子……就吓得激灵激灵的。这样的治疗一周两次，她辗转颠簸七八趟车才能到，也舍不得打车，存款还指望将来生了孩子，给孩子买奶粉。老公接送也不殷勤，她也不怨。说白了是自己的问题，自己承担。去的时候还好，只是累，每次治疗回来简直是刑罚，因为很疼，还要颠簸，倒车。

我提醒她好几次："要不，离婚吧？太苦了，真的不能生，也没办法。"她每次都说不，她一定要证明自己是可以生孩子的。证明自己可以生孩子，这是赌气，而不是因为她觉得她的婚姻美满，舍不得她的爱情。真是盲目固执的女人。

我其实想说，她就算这样千辛万苦生下孩子，也很难获得幸福了。婆家人没有对她付出过真心，这些寒心的事不是一个孩子就能化解的。如果真的很喜欢孩子，又爱她，可以领养一个。既然因为不能生孩子就不爱了，也别耽误人家，离开了大家轻松。

她偏不。

这样的罪受了两年之后，她终于如愿以偿，怀孕了。可是一次次折腾，她身体已经很弱了，瘦到了八十多斤，几乎是拼了命生下一个女儿。

有了这个孩子，公婆终于有了点好脸色，老公也恢复了之前对她的好。女儿活泼可爱，日子似乎终于正常了，离那样噩梦般的时

第二章
最好的人生不是透支，而是掌控未来的能力

光远了。我一度以为我错了，不该劝她离婚。

自从生了孩子，她就辞职做了家庭主妇。既然这家人这么重视孩子，喜欢孩子，她将孩子带好，婚姻也能美满下去了。她放弃了写作，每天都在忙家务和孩子，我们也很少聊天了。一是没有话题了，她的重心全在孩子身上；二是她太忙了，很少有整块的时间能坐下来。

我们几乎失联了三年，这三年时间里我没有收到过她一点消息，QQ发过几次消息她也没回，一直显示不在线的状态。

今年她突然出现，问我还有没有写作，生活过得怎么样？我想了想，我并没有太大的改变，上午写作，下午画画，偶尔出门，但是大多数时间宅在家里。

她打电话过来，没说几句突然哭了。原来女儿三岁了，她的身体也终于好了一点，老公又提出能不能再要一个儿子，他一直想要一个儿子。

她听到这些话突然就崩溃了，这些年所受的委屈一股脑冲上来。最难受的是老公竟然觉得儿子比女儿重要，一定要生个儿子。她盯着女儿天真的小脸，几乎用命换来的女儿的小脸，心碎了。

她没有愚昧到那个程度，自然不肯再生一个儿子，和老公吵得不可开交。后来老公干脆收拾了东西离家出走，半年之后，回来谈离婚。因为他跟别人有了一个儿子，他要给儿子一个名分，她欲哭无泪。如今她没有一技之长，没有生存手段，也没有存款，除了女儿她一无所有，却只能离婚，现在带着孩子异常艰难，问我还有没有写短文的地方，她总要养活女儿。

"我肠子都悔青了，不如早点听你的劝，检查出结果的时候就离婚，不，是开始冷暴力的时候就离婚！"她说。

可是,那时候谁能知道现在发生的事,毕竟我们都是第一次踏入婚姻,也没有经验。

这世上哪有卖后悔药的。如今纸媒一片凋零,我只能劝她先去写写公号,但是脱离社会三年之后,能不能一下子找回状态,其实谁都没底。

决绝放弃,真的需要勇气,可是盲目执着,更危险。

我给她讲了一个早先同事的事情,她刚刚交了房子的首付老公就有了外遇,老公跪地求饶,她依然离了婚。她深深明白,有些伤痕注定无法痊愈。她自己带着两岁的孩子,在远离家乡几千里的小城同时做三份工作,房贷与养育孩子像一块石头沉甸甸压在身上。长夜漫漫,该是无限凄凉吧。于是,大家投过去的目光便也含着诸多同情和唏嘘。

让人没想到的是,她却在此时辞了职,卖了房,带着孩子去闯荡北京。一别好几年,进了大公司,也找到了新的男朋友。再次见她的时候,她更漂亮了,也更自信了。她说,她最庆幸的就是发现前夫背叛后马上离婚,没有纠缠在灰暗中,没有试图忍受痛苦,化解伤害。幸好,她还年轻,也还漂亮,有魅力,也没有和社会脱节,很快找到了新工作。

社会喧嚣,人心浮躁,到处都是诱惑陷阱。家散了,爱去了,都能伤人。果断转身,是唯一正确的开始。

没有人会保证自己不遇到伤害、背叛,关键是遇到了怎样选择,是将自己泡在苦水里等待甜的拯救,还是转身去寻找真正的甜。

泰戈尔有句诗:"生如夏花之灿烂,死如秋叶之静美。"生与死皆为完美境界,何况一点苦难,一点凄凉。

末代皇妃文绣,不满于婚姻生活,毅然和溥仪离婚。此后她做教师,嫁良人,虽然算不得养尊处优,到底得了自由和爱情。

  李清照留下的诗词甚少,但几乎每首都是经典。她的后半生凄苦飘零,赵明诚死后她再嫁,发现所嫁非人后又毅然离婚。丈夫不离,她就一纸诉状把丈夫告到官府,那是千年前的大宋朝,妻子告丈夫是要坐牢的。李清照就是这么一个果决的人,离婚,坐牢也在所不惜,到底获得了真正的自由。

  选择错了情有可原,不要一次次让自己泥足深陷。

世间最好的感受，
就是发现自己的心在微笑

　　几个朋友开玩笑，这世上最好的感受是什么？得到！得到超越自己能力的东西，就像被馅饼砸中一样。现在是很浮躁，多少人都等着不劳而获，可是，不劳而获真的是最好的感受吗？

　　十点半飞机，早上八点出发去机场，平时大约四十分钟路程。但是出门遇到大雾，司机师傅说："因为高速封路，车都集中，可能半小时连城都出不去，绕个小路行不行？"然后给我算了一下，大约会多出二十块钱。我毫不犹豫，请他绕小路。结果，大家好像都是这么想的，平时非常清静的偏僻小路竟然堵了。司机心急如焚，不停穿插，大约耗费了一小时才走出去，直奔机场大路。司机一路超车，

第二章
最好的人生不是透支，而是掌控未来的能力

大冷的天汗水涔涔，他只能一边开车，一边抬起袖子擦脸上的汗。我假装淡定安慰他："没事没事，别着急，还早还早……我出门太晚了，没想到会封路。"他依然不安，一直说："这条路本来很偏没几个人知道，怎么就堵了呢。"飞奔到航站楼，下车的时候，我付钱，比预计的多出二十块。堵这么久，是正常计费，没觉得有什么不对。司机师傅还是一头汗，将行李箱提出来交给我说："等一下。"然后他返回车里，拿出几个巧克力，很腼腆地说："车上就这两块了，给你吃吧，没吃早饭会饿肚子。"

我接过巧克力，道谢，一边向里面飞奔，一边看了一下巧克力的牌子，叹气，这几块巧克力，何止二十块钱。

内心温暖善良的人真多啊。

小区不远处，新建了市场，蔬菜水灵，水果鲜嫩，早晚喧腾热闹，演绎着热气腾腾的烟火人生。女儿最喜欢拉我到那里去转，小孩子好热闹，喜欢在满目的俗绿中穿行，大概也是感受到了那里丰满生活的喜气。

这日，又应小女之愿，两个人悠闲地出了小区，奔市场而去。新上市的草莓红艳艳清香撩人，女儿的馋虫被勾上来，蹲在一筐草莓跟前说什么也不肯走了。卖水果的是一个老太太，一身灰旧衣服，满脸都是风霜。我问了价钱，伸手摸钱，准备给小馋猫买上一点——却摸了个空，原来是出门的时候新换了衣服，钱包还在家里的旧衣服里睡大觉呢。我只好使劲扯小女的裙子，小声说："妈妈没带钱，别买了！"女儿回头扑闪着眼睛看了我一会儿，不解，仍然指着鲜草莓要。她不到三岁，不理解钱与物是怎样的关系。怎么办？我只好使劲拖她，这下她恼了："为什么不给我买？"我说："没有钱，妈妈忘带钱了。"女儿想了想，从口袋里掏出一把石子递给卖草莓的老太太,大声说:"奶奶,我妈妈没钱,你要小石头不?这是我刚捡的。"我窘得满脸通红,老奶奶张开嘴,笑纹都堆到了脸上:"小姑娘,我不要石头。"女儿仍不死心:"可是,你这里并没有石头啊!"她的意思是,石头是稀缺物,很珍贵。老太太绷不住,哈哈大笑起来:"我的草莓要用钱买,石头可不行。"周围已经围了几个人,被小女惹得直笑,顺便瞄一眼我这个抠门的妈妈。我的脸上火烧火燎,拖着女儿的小手,向人群外走。女儿被宠惯了,没见过我这个粗暴的样子,"哇哇"大哭,惊天动地的样子。

老太太忙拿了个小袋子,三两下装好半袋草莓,这个季节,这点草莓大概也要十几块钱。她递给女儿说:"乖,孩子别哭,奶奶不要石头也不要钱,送你一兜。"

"这怎么行?"我将草莓袋子夺过来,递回去:"怎能白要您的草莓,我一会儿给她买,现在忘记带钱了。"老太太将草莓递过来:"谁都有个疏忽的时候,孩子想吃,你就别客气。哈哈,这孩子招人疼嘛。"不等我说什么,女儿已经欢天喜地接过草莓,我只好一迭声对老太太说谢谢,一会儿给您送钱来。她笑一笑,就转身卖草莓去了。

我领了女儿,匆匆忙忙走回家。拿了钱再到那个市场,大约也就是半个小时,老太太却不见了。问了周围的商户,见我不买东西,都不爱搭理,我只好悻悻而回。

第二天,打算出门访友,骑了车到市场,一眼看见昨天的老太太正推了三轮车在卖水果。我走过去,一边问她为什么昨天走得那么早,一边挑了两个最贵的大西瓜。老太太来称西瓜,显然已经不记得我了。五月的天,本来晴好着,忽然就狂风漫卷,黄沙满天飞舞……我发了愁,这样的风,骑车根本睁不开眼睛。可是打车的话,又要返回去放车子。发愁间,老太太好像已经看出了我的为难,就说:"姑娘,你要是出门,就把车放到我这里吧,我要到晚上才收摊的,是长摊,你可以打车去。"

我千恩万谢。

回来的时候,已经是薄暮,狂风一直没有停,打车到了市场,里面已经空空如也,只剩一辆三轮车。满车的水果都蒙上了一层尘土,我的自行车好好地靠在三轮旁。我心说该死,怎么玩起来就忘了车子的事,急忙走过去道谢。

老太太笑眯眯地说:"没事,反正也要卖水果。要谢谢你,这么信任我,别人大概不敢放呢。"我心里一热:"可是市场里已经没有人了,我耽误你回家了。"她一边收拾,一边慢悠悠地说:"刚才还卖了一份呢。看风大的,快回家吧。"

只是此后,只要买水果,必到老太太的摊位,她那里有什么,就买什么。而她,从来就没记住过我。

真的,自从和那个卖水果的老太太打过几次交道,我就一直坚信:"这世上有一种善,就是发自内心的,没有任何现实利益牵扯,平凡朴实的像路边的草,却点缀着整个春天的生机。"

世间最好的感受,就是发现自己的心在微笑。

最好的人生不是透支，而是掌控未来的能力

网上流传着两个段子，美国老太太和中国老太太：

在天堂门口，美国老太太和中国老太太的灵魂相遇了，中国老太太说："我终于攒够了买房子的钱了。"美国老太太感叹："我终于还完买房子的钱了。"

两种观念，两种人生，一个一辈子辛辛苦苦，终于攒够了钱，却也走到了生命的尽头，一天也没有享受过真正的人生。

另一个贷款买了房子，半生都在享受生活，只是按时付账单而已。

假设这两位老太太一辈子赚到的钱一样多，当然是美国老太

太更划算,她拥有过自己的房子,她享受过人生。

两位老太太的段子流传甚广,西方先享受后付钱的观念像一股风,将中国人吹"醒"了。大家奔走相告,开始了潇潇洒洒的预支生活方式,提前过上了好日子。

那时候,预支生活刚刚流行,房贷刚刚兴起,提前享受生活的理念日益影响着人们的生活方式。先买房子后付款之后,很多商品都出现了这样的模式——先使用后付款。不仅如此,信用卡也慢慢普及起来了,先花钱,后付账,简直太爽了。

我周围很多人都开始这样过日子,只有我还保守着,存钱按部就班地生活。因为生长在农村,受环境影响,没有很多安全感,我需要有积蓄才能踏实。

工作两年后,我跳了一次槽,工资涨到了一万五千元。这对于我来说,是很大的改善,我从合租房搬出来,自己租了一个很小的一居室,有了独立的空间。晚上下班会去买一些零食,窝在小房间看个电影,这样的生活对我来说,已经足够美好了。所以那段时间真的别无所求,非常快乐。

直到有一天,同学梅子来我所在的城市办事,我请她来我的出租屋。向她展示我现在轻松的生活,除去房租和生活费,每个月都能存一万块钱。我没有随意买衣服的习惯,也不用高档化妆品,午饭在公司解决,晚饭经常不吃。我觉得我这样的生活方式简直太棒了,简直达到我预期的顶峰。

梅子用手点了一下我的额头说:"你呀,还是之前那个毛病,就知道存钱不知道花钱,你看看你的包,怎么也算一个白领了,就这样背着一个手绘的帆布包,你真是好意思。手绘是什么,是给那些买不起好包的小姑娘充面子的,你是吗?"

"可是我真的买不起香奈儿、古驰,我也是那种小姑娘。"

梅子说:"包包是女孩子的脸面,多少人咬牙都要去挣个大牌包包,就算你不舍得买古驰,买爱马仕,你背一个MK也算对得起自己的青春呀。"

不能对不起青春,这句话让我很感慨,我确实没有在物质上好好对待过自己。可是我又不是有钱人,没有钱我拿什么去对得起青春呢?

梅子说:"你别老土了,现在是什么年代,预支生活的年代,能享受的就享受。不然等你存够钱,青春没了,激情没了,想吃没胃口,想穿没身材,到时候存够钱有什么用,你工作稳定你怕什么?"

我想了一天,觉得她说的话太有道理了。同样是青春靓丽的年纪,我收入比梅子还高,可是看看她的生活,看看她的穿戴,使用的护肤品无一不是国际大牌,人也变得更漂亮。再看看我,连一身土气还没有彻底消灭,确实很寒酸——我又不是消费不起!

于是一周后,我拥有了人生中第一款轻奢包。为了好搭配,我选的黑色经典款,略粗粝的皮质,挂着一个华贵的金色金属标,款式沉稳又大方。我拎着这只MK包出入公司,觉得走路都带着风了。

这个包不到三千块钱,但是为了搭配它,我又咬牙买了一套潘多拉的首饰,所谓低调的奢华,对我来说也不过如此了。

做一个精致的,懂得享受生活的女孩,才不辜负我们的青春。梅子的话震动了我,那段时间,我翻阅了很多时尚公众号,才惊觉原来全世界都在鼓动我们去精致,去自由自在享受物质,去预支未来,是我太落伍了。

第二章
最好的人生不是透支，而是掌控未来的能力

我决定全面提升自己的生活品质。

先是找人代购了一套雪花秀护肤品，后来咬咬牙又买了一瓶神仙水。慢慢发现，精致是一个无底洞，用完雪花秀之后，我自然转向了SK-II系列。谁让神仙水好用呢，拿出来也有面子。毕竟用雪花秀的女孩子，我身边一个都没有了。从雪花秀到神仙水，护肤品的档次一下子提升了一大截。后来又想尝试一下娇兰，甚至有时候看着手里的娇兰，开始觊觎海蓝之谜的华贵和莱珀妮鱼子酱的奢华。

没有尽头，好东西层出不穷。

但是效果也是显而易见的，我再也不是公司里边缘的那个女孩了。我下午茶的时候跟同事们议论圣罗兰新款的口红色号和TF限量版，语气轻松愉悦，下单雅诗兰黛最新款乳液的时候眼都不眨一下。

无论什么样的生活和人生，习惯了就会完全适应。

那天看到了一个公号，标题是：租来的是房子不是生活。我觉得说得非常对，但是我的积蓄没有了，于是刷了信用卡，买了舒适的床和懒人沙发。为了看电影，还买了一个很上档次的投影仪。

只要不是还信用卡的日子，我就身心愉悦，神采飞扬，完美的生活向我敞开了大门。

直到有一天，妈妈突然生病住院，我想给妈妈交住院费的时候发现信用卡已经透支了！最爱的妈妈，养育了我二十多年，现在到了我回报的时候——本来我是有能力回报的，可是我把积蓄都预支了。

妈妈没有全额医保，为了给她治病交医药费，我到处借钱，卑

微而后悔。预支奢侈,那都是有人托底的人生才敢折腾的,而我是普通人家出来的孩子,现在是家里的主心骨,不是任性的小公主。

在那段借钱、陪床的日子里,我突然明白什么叫量力而为。未来会发生什么,谁也不知道,我凭什么去预支未来?

看报纸,《中国青年报》发表了一篇文章《月光族变月欠族,过度消费造就的年轻"富翁"》,简直就是我的写照啊。

还有一个新闻,一个90后的年轻护士,痴迷预支的小资生活无法自拔,竟然欠下了二十多万债务。父母无奈,拿出积蓄帮她还了债,没想到她依然不知悔改,继续过度消费,又欠下了四十万的债务……这下父母无力偿还,面对债主,母亲拿出了领养证,说你不是我们亲生的孩子,你走吧……

看完这个新闻,我大惊。如果执迷不悟于预支生活,谁知道这是不是下一个我?不同的是,我父母没有能力给我偿还几十万的债务,我岂不是拖着父母走向深渊。

想想都后怕,幸好我花的不是太多,还有改正的机会。

妈妈出院后,我又开始了固定存钱的生活,甚至也开始理财。真正拥有生活的能力,不是奢侈和精致,而是拥有面对一切时的从容。

在这里我也奉劝那些被鼓动追求奢侈精致生活,而收入又不够高的年轻人,你们还是仔细想一下,预支的是生活,还是未来的从容?

海明威在《真实的高贵》中说:"我始终相信,开始在内心生活得更严肃的人,也会在外表上开始生活得更朴素。在一个奢华浪费的年代,我希望能向世界表明,人类真正需要的东西是非常之少的。"

生活真正需要的东西不是预支,不是奢侈,而是安全与安全感,是掌控未来的能力。

还好我明白了,明白得不太晚。

没事早点睡，有空多读书

一个新认识的文友，我们正一起看着电视剧，剧中王凯扮演的宋仁宗笔走龙蛇，大写飞白书，那飞云流水的画面简直太美了。我叹了一口气说："我最喜欢飞白书，可是我没有练过，也写不好。"她沉默了一会儿，突然说："最后悔的就是年轻记忆力好的时候，没有多读点书。现在虽然醒悟过来了，可是记性不如年轻时候好了，有时候读完后面就忘了前面，成了无效读书。"

原来，她不知道什么是"飞白"，觉得自己孤陋寡闻。其实她兴趣不在这方面，不一定都要知道的，但是我赞同她关于读书的理论。

没有好好读书，看起来并不会影响到生活和生存，所以是隐性

第二章
最好的人生不是透支，而是掌控未来的能力

的影响。

我从十几岁就在外面漂着，经常要坐长途车，那时候还没有智能手机，手提电脑也没有见过。漫长的旅途中，有人睡觉，也有的凑几个人打牌，还有一部分就是看看书，当然也并不一定是多么严肃的书，看杂志的也挺多的，那时候是杂志最繁荣的时期。总之，那些年的长途车上，还是有很多人是在读书的。

最近几年，车上、飞机上场景大改。飞机上不能使用手机，有人埋头工作，但大多数人闭眼休息，看书的人寥寥无几。有时候掏出本小书看一会儿，旁边的人就会一会儿看你一眼，像看怪物一样。因为寥寥无几，太突出了，所以，这之后，我就算带着书，也不拿出来了。

火车上就更见不到读书人的影子了，人手一个手机，有素质的戴着耳机看电视剧和小视频；没素质的，外放着声音看电视剧和小视频，吵得耳膜都快震破了。

再也没有人看书了。不仅是公共场所，哪里都没有人看书了。

我见过的愚蠢的人，都有一个共同的特点，那就是不读书。读书不是上学的意思，是字义的读书。

我认识一个画画的人，已经画了二十多年，笔墨功夫很厉害，人也很勤奋，可是近年来，他的画却高不成低不就，卖不起价钱。你要是说这画哪里不好，也并没有。我们聊起这个话题，他说感觉就像是走进了一个死胡同，他画山水和写意花鸟，山水仿古，花鸟很多是写生。然而画来画去，似乎都是一个模式，无法改变，他很恐慌，也很无助。

我觉得可以多读读诗书，诗词中的意境，与画境相通，诗词中的美和境界，或许能给停滞不前的画打开一个突破口。

他突然惊讶地反问我:"你是写作的,自然要多看书,我是一个画画的,每天跟笔墨打交道,我看古人的画册就好了,看书有什么用?"

我明白了他为什么无法提高,并且心怀恐慌了。

我关注一个弹琴的艺术家,发现他弹的曲子都很有意境,就是那种在技巧成熟之后,流露出来的味道。比如《离骚》,比如《文王操》,这些曲子如果没有味道,会很难听。后来看他写的一些关于古琴曲的文章,才发现很有深度,是个读书很多的人,难怪他弹琴会有一些文气,也更有味道一些。

一些艺术家,本来有天赋又刻苦,可是却在某一阶段停滞不前了,没有别的原因,就是不读书。

因为工作的原因在上海见到一位复旦大学的教授,他是一位真正的读书人,聊到家里的书多时,他说:"为了放书,我买了两套房子。"

他讲的国学我听过两场,深入浅出,诙谐幽默,经常爆笑全场,但是爆笑过后你会深思,获益良多。

一位功成名就的学者教授,还在坚持每天读书。

中国美术公众号有篇文章这样写:《我的画为什么卖不过学生,因为他读的书多》。

写的是唐伯虎和老师周臣的故事,唐伯虎是周臣教出来的弟子,虽然唐伯虎很有天赋,画得也好,但是画功并没有超过老师,而且因为是师徒,他们画风相近。但是学成之后,唐伯虎的画总是卖的价钱比老师高。有人就问周臣:"为什么学生的画更值钱?"

周臣老老实实地回答:"因为他读的书多。"

画画为什么会跟读书联系起来呢?从后世的画作来看,周臣的画一般提款只写名字,也就是行业内所谓的"穷款"。而唐伯虎呢,诗文书画皆修,诗词也好,就因为读书多,造诣更深,在笔墨功夫之外,还传递出另一种气息:文气。而且唐伯虎很喜欢提洋洋洒洒的诗文款。周臣输在文化底蕴。

看看读书有多大作用吧,读书不会影响到某个行业,但是它可以滋养一个人的气度、境界、格局,融入书画中,就是一种脱俗而出的文气。

人们常说,犹太人是世界上最聪明的人。其实真正的原因是犹太人习惯读书。犹太人有阅读的习惯,他们婴儿时期,母亲会将蜂蜜滴在书上,然后让自己的孩子舔一下,犹太小孩从小就认为书是甜的。有记忆开始,他们就对书有一种天然的喜爱,于是阅读自然成为他们终身的乐趣和习惯。

曾经有人认真地问我:"读书到底有什么用,那么枯燥那么无聊,要很久才能读完一本。"

阅读,能洗涤心灵。一本书,无论是古籍经典还是文学作品,都能开启智慧,一本书里有太多的人生和故事,有太多的时光与思想的沉淀,书中乾坤大,书中天地宽。

博尔赫斯说:"如果这世上有天堂,那天堂就应该是图书馆的模样。"

经年累月的阅读滋养着一个人的心性和气质,阅读的人和从不阅读的人,由内而外散发的气质与修养是不一样的,这是无法掩藏的事实。有的人温文尔雅,是被阅读养出来的气质;有的人粗俗不堪,一定没有阅读习惯。

现在的社会环境文明程度是很高的,这是很好的现象,但是人们仍然普遍浮躁,大多数人没有办法安静下来阅读。阅读的缺失直接导致素养不高,思维模式和行为模式都很狭隘。我在工作中接触了很多的人,其中有一部分人,就完全不懂得尊重别人,这些人金钱利益为上,对文化,对知识和对他人都没有敬畏之心。

在阅读品味上,无论是西方文学史中莎翁的戏剧,还是中华上下五千年的经史子集,每一部流传下来的经典,都是生命的养分。

别说读书无用了。

读书聊以打发时光也好,学习先贤们的思想也好,有一份阅读的心,就成功了一半。

第二章
最好的人生不是透支，而是掌控未来的能力

你可以不扎人，但是必须有刺

我有个写作的朋友开了一个作文培训班，收一些中学生，教他们写作，每周六周日上课，每次上两个小时。她功底扎实，认真负责，又做过语文老师，经她培训后，孩子们进步很大，故她的培训班招生情况、口碑都还不错。

有一个孩子的家长，总是提前一个小时就来。她的教室就是自己房子的客厅收拾出来的，所以上课就是在家里，学生来了，作为老师肯定不能不理。朋友就先让她们进教室，给她们准备点水果零食，让她们等着。

一开始她以为是这孩子好学，还因此很喜欢，后来才发现不是那么回事儿。她们每次提前来都不会安静坐在那儿,而是拿着习作或者阅读理解漫不经心地问问题。要知道这并不是上课时间,朋友有很多私事要处理,可是,这一段时间都被这对母女占用了。

她不知道怎么说,也不好意思开口。就这样一周周下去,后来发展到更严重的程度,母女不仅会提前一个小时来上课,下了课也不走。有时候找话题聊一下,有时候干脆就故意写不完作文。你不赶她们,她们也不走,有什么问题就当场请教。到了饭点,她们就点三份外卖,请朋友一起吃。朋友暗地里气得不行,她是每天自己做饭的那种人,根本不吃外卖。久而久之,母亲也不给她点了,母女二人点两份自己吃。

有一天,女儿突然说:"老师,我饿了,我能跟你一起吃吗?"

她能说什么,根本不好意思拒绝。结果后来就变成了三个人一起吃晚饭,母亲倒是很热情,觉得她们已经处成朋友了,不再把自己当外人。不该上课的时候就来,下课了也不走,吃饭也经常一起。母亲还下厨房去做,有啥吃啥,也不挑,该交学费的就一直拖着。

朋友很生气,但是从小到大做乖小孩老实人的她完全不知道要怎么办,甚至因为这对讨厌的母女,她打算关掉这个培训班。

从古至今,老实人得到过很多赞美,却也总是被欺负。

就像我这个朋友,她明白不能这样下去,每天都说再也不能这样,可却无计可施。

大观园里最厉害的姑娘是探春。她虽然是正经小姐,却出身不好,是姨娘生的孩子。庶出在大家庭里一直处于边缘位置,血统虽然高贵,身份却尴尬,等级森严的家庭中,庶出的孩子连继承家产的资格都没有。

贾府规则虽然多,等级也有,但是幸好当家的史太君喜欢女孩,尤其喜欢聪明伶俐的女孩子。所以贾探春的处境比她弟弟贾环要好了很多,至少没人敢欺负她。

贾探春之所以庶出依旧受到尊重和重视,还有一个原因。别看她长得温柔美丽,却是带着刺的,她的绰号是玫瑰,好看,但扎人。

抄捡大观园的时候,惜春冤枉了入画将她赶出去,迎春面对司琪被赶连一句情都不求。表面上是因为入画和司琪的箱子里发现了男人的东西,其实使她们倒霉不是这些东西,主要是因为主子软弱。

如果她们有幸是探春的丫鬟,就不会被赶。

探春的秋爽斋也被搜了,但是看看她是怎么做的?她完全维护了自己和丫头们的自尊,任你是谁,她压根没打算让你们来抄捡秋爽斋。抄查的队伍还没有到来的时候,她就做好了准备,丫鬟婆子们都举着蜡烛站好。等王熙凤她们来了之后,她不让查丫头们的箱笼,而是说:"这里是贼窝,我就是贼头,她们偷来的东西都是我收着呢,要搜就搜我。"

她的气势,她的地位,她的厉害,谁敢真的搜她。所以抄捡队那些势利的婆子们,在她这里连个简单的过场都没有走。王善保家的不甘心,为了证明自己老奴的地位和体面,她走过来跟探春开了个玩笑,上前掀了一下她的裙子,开玩笑说:"我连姑娘的身上都搜了呢。"探春见她这样,抬手扇了她一耳光。一个下人,居然敢在小姐身上动手动脚,她可不会容忍这样的事!这一耳光,将这些婆子和王善保家的那份阴暗和嚣张都打落了。

探春是凌厉的,有刺的,不好欺负的,但是她也是通透的,明智的,透过这些荒唐直接看到了贾府的本质。

这也是一种厉害。

她对抄家的那群人悲伤地说:"你们别忙,自然有你们被抄的日子呢!你们今日早起不是还议论甄家,自己家里好好的抄家,果然今日真抄了。咱们也渐渐的来了。可知这样大族人家,若从外头杀来,一时是杀不死的,这是古人曾说的'百足之虫,死而不僵',必须先从家里自杀自灭起来,才能一败涂地!"说着,不觉流下泪来。

探春太厉害了,作为一个庶出的女儿,在贾家自始至终没有人敢欺负她,她很硬气,甚至还当过一段时间的家。

大多坏人,嚣张的人,他们欺负人是挑拣着的,只欺负老实人。你有刺,大家就会躲着点儿,怕扎手。

有一句话这样说,你强大的时候,有刺的时候,坏人最少。

我把探春的故事讲给朋友听,她想了两天,终于决定开口。当那对母女又一次早来的时候,她没说什么,但是她们问的额外的问题,她不再作答。课上完后,两个人又摆开了继续下去的阵势,我朋友进屋换了一身衣裳说:"我要出去见朋友,如果你们想在这里继续做题,我可以把你们锁在里面。我房间里有卫生间,有床可以休息,厨房里也有吃的,放心,没事的。"

母亲愕然:"那老师你要去多久啊?"

朋友说:"我今天要去南城,会住在朋友那里,因为明天也没有什么事情。"

母亲一脸怒容,但是飞快收拾了女儿的书包,拉着女儿迅速走了。

她们走后,朋友发了一个消息过去:你们已经延期五次没有交费,这些费用我不要了,但是下次上课请你们不要来了。不然我只能当着所有同学的面,跟你讨钱,大家都没面子。

那个母亲没有回复,但是再也没有来过。

我们都是在生活中慢慢明白一些道理。

某种意义上,没有进化到最高文明的社会,还是丛林社会。要想在这个丛林里好好生活,保护自己,你可以不扎人,但是必须有刺——震慑人。

最好的养生是好好宠着自己

许多疾病已经年轻化,所以大家都恐慌,同龄人也开始养生了。

一位文友刚过了四十就开始养生,按照《黄帝内经》的指示,几点睡觉,几点散步,几点起床。什么有营养吃什么,营养不高的东西坚决不吃。她自己坚持,也经常提醒别人,比如在闲聊的过程中,有人说今天买的荔枝很好吃,她会突然插上一句:"荔枝不能吃啊,荔枝属于高糖食物!"你说今天不想做饭要了外卖,她马上痛心疾首地制止:"外卖不健康,要自己做饭才健康。"

在她的口中,很多水果不能吃,猪肉最好也少吃,点心坚决不能吃,泡脚要加些药材。哪怕有人发朋友圈吃个下午茶,她也会留言:别喝奶茶,不健康。

这种行为讨厌是一方面,最主要的是她并没有因为这样养生而比别人的身体更好一些,她中年发胖,一直都没有减下去过,还有慢性病。

还有一位,也是养生过度,她经常去寻找那些没有经过现代文明"毒害"的有机食物,比如:手磨的面粉,古老脱粒机脱出来的大米,来自乡下家养母鸡下的土鸡蛋,山野没有经过灭虫与肥料滋养的水果蔬菜,农民亲自酿的葡萄酒……为了寻找和采买这些食物,她有很多农人的联系方式,那些都是她的供货源头。

在她的认知里,所有经过了现代文明加工的食物都不利于健康。对她来说,防腐剂简直是毒药,坚决不能吃被防腐剂"毒害"的食物。

这种固执的、过度养生的人,好像越来越多了。

然而这两位常年养生的熟人,恰恰身体都不好。第一位,体检时查出好几种慢性病,心情低落;第二位,心理上有一些问题,在抑郁的边缘徘徊,整个人完全没有阳光的感觉,很喜欢跟人聊人生,动辄哭起来,让人手足无措。

她们好像很擅长养生,注意饮食,热衷给熟人推荐一些真真假假的信息诸如肯德基的鸡都是特殊品种……当然初衷是好的,是劝人向着健康而行,别去吃垃圾食物,但是结果好不好,就未必了。

有一次看闲书,发现有一篇科普文章,写的是我们日常吃的鸡蛋。在现代化的工厂里,一只鸡蛋要经过多道工序,经历一遍遍清洗、消毒和灭菌,才能装盒出售,完成一只鸡蛋的历程。这也就是我们在超市中买到的成品鸡蛋,干净、无菌、漂漂亮亮的。

文章中说:"鸡蛋是很麻烦的食物,因为它的出处会携带很多细菌,尤其是一种细菌,会在蛋壳上生存很久,时间久了会深入鸡蛋内部。如果不灭菌,直接拿一颗新鲜的刚下的鸡蛋食用,很容易将细菌沾染在碗沿或者手上……"看完这篇文章,我突然释然了,终于明白自己为什么反对莫名其妙的养生告诫,是因为很多养生理论根本站不住脚,我又不完全懂,无法反驳。

想一想,我们的科学和文明一直在飞速前进。其中,最受益的就应该是食物,保质期更长,更卫生,检测也更精细。那些拒绝先进,一味觉得原始才是养生、才是健康的观念其实是有点危险的。

他们的理论支持,是传统,流传了一代又一代,轻易改变人类要付出代价,当然这个代价就是指疾病。

但是,人类的平均寿命与生命质量,一直在延长和提高,难道还不能说明问题吗?

养生自然是很好的,懂得珍惜自己健康的人,通常都是很自律的人,但是万事有度,不要矫枉过正就好了。

养生是什么?是养护生命。生命又是什么呢?是健康快乐,能吃能睡,是能笑能哭,懂得爱一个人,也会好好爱自己。

注意饮食是好的习惯,但是荔枝含糖高都不能吃,西瓜太寒也不能吃,精细的面粉大米不能吃。其实,这些都大可不必。只要没有毒,只要不过量,吃美食是养生,和爱的人在一起,也是养生。

我遇见的这两位养生过度的熟人,生活、身体都不是最佳状态,反而是第三位朋友用实际行动说明了一个问题:最好的养生,是快乐。

她的身材很丰满,但并没有拼命减肥,做一个快乐的吃货是她的目标。每天都嘻嘻哈哈的,没有什么烦恼是一顿美食解决不了的。如果有，那就两顿。她离过一次婚，前夫出轨秘书，她果断离婚。前夫的公司第二年就要上市，很多人劝她不要放弃，最起码等公司上市之后，她拿一部分股份再走，这样也能后半辈子不愁生存。她没有忍这一年，利落地离了婚，后来又遇到了现在的丈夫。他没有多少钱，就是一个普通的小职员，但是宽厚善良，最主要是幽默有趣，能经常逗她笑。

离开了富豪丈夫之后，她不但没有像人们预想的那样后悔，反而越活越年轻了。现在的丈夫很宠她，每到假期就带着她到处玩。她喜欢爬山，国内的很多名山大川都留下了他们的身影。不养生，只养心。她的口头禅是：我开心。所以同样是四十出头的人，她脸上还有少女气，眼神也灵动。

养生是什么，真的很难说，大家都在做的事，也未必就是对的，我觉得还是像我第三位朋友那样生活，把开心当作养生，才是最佳状态，好好宠着自己，才是真正的养生。

最正确的路，
就是不问值不值得，去做就好

　　我注意到那个老人好久了，他身板挺直，头发花白，穿着洗得发白的灰衬衣，骑着一辆破旧却干净的三轮车在小区里收旧书报、饮料瓶。他不像那些脏兮兮的收废品的人，每天在垃圾箱里面翻来翻去，谁要是将杂志报纸放在车筐里忘了拿，转眼就进了他们的破烂车。

　　他很安静，坐在树荫下看书，也看来来往往的行人。三轮车上挂着硕大的一块牌子，写着"收旧书报"几个毛笔字。热的时候，他就戴一顶草帽，下雨了，就撑开伞。几乎风雨不误，像上班一样准时出现在小区里。一个小区不可能天天有人卖旧书报，况且这一行的竞争也是很大的。许多时候,他都是空车来回,一副悠闲自得的样子。

我不解。如果说为生活不至于这么不关心生意,如果是为兴趣,那么这老人的兴趣也未免太奇怪了。

我积攒了一些报纸杂志,将老人叫到了楼下,借卖废品的机会,和他闲聊起来。老人并不健谈,只是默默收拾地上的东西。

我无计可施,心里琢磨着这个古怪的老人。正在这时,男人打来电话。我们正在闹离婚,一点家务小事,上升到了爱和责任的高度。于是,谁也不肯认输,正处在分崩离析的边缘。说了几句,吵起来,还是站在各自的立场上,吵了个天昏地暗。忽然,我悲从中来,说:"别吵了,明天去离婚吧。我们真的不合适!"男人停顿了一下,说了一个简单的字"好"就挂了电话。我的眼泪像泉水一样冒出来,冲天的委屈。离婚,这次一定要离婚!

好一会儿,发现老人还蹲在原地收拾那些书报杂志,一本本,一页页码起。有几封信,被他挑拣在一边。

我心情不好,对低着头的老人说:"这些东西你都拿走吧,我不要钱了。"说完就转身回家。我本来也没打算卖什么钱,只是对这个老人好奇而已。

老人在后面急急地喊:"姑娘,等等,这里还有重要的东西。"

重要的东西?我一愣,明明都是堆在储藏室里没用的垃圾。

老人几步追上来,手里,握着那几封信。我接过来,原来是结婚第二年,男人被派到海南进修的时候,我们互通的书信。后来俩人团聚,彼此的生活观和生活习惯不断地起着摩擦,这些东西就凝成了墙上的一抹蚊子血。

我笑一笑,对老人说:"我们都要离婚了。这算什么重要的东西？你要是不愿意要,直接扔进垃圾桶算了。"

老人盯着手中的书信,眼圈红红的。他说:"姑娘,如果你有时间,我给你讲个故事吧。"

很多年前,一对青梅竹马的恋人正准备结婚的时候,男人当兵去了。这一走,就是好几年,他们互相思念,却万水千山,于是就写信,一封封。后来,因为前线纷乱,他负伤半年,他们失去了联系。

姑娘的父母觉得女儿等这么久,如果男人不回来的话,她也许会成嫁不出去的老姑娘,那姑娘的弟弟怎么娶亲呢?正好,有个富户来提亲,父母就做主将姑娘嫁了人。姑娘不从,打算偷偷离家出走去前线找他。父母编造了一个瞎话说他已经死了,绝了她的念想!

几年之后他回来,一个人,不曾成亲,默默寻访着姑娘的下落。好不容易找到她却发现,姑娘已经生儿育女,过着平静却幸福的生活,丈夫温厚,儿女可爱。于是,他果断回到了两个人相爱的小村庄,做了一名老师。唯一不变的习惯,是每天都要写一封信给她,不寄,只为抒发心中的思念。

再次相见,是在几十年之后了。如今,老伴去世,她又成了孤家寡人,他犹如枯井的心又开始蠢蠢欲动,再次寻访到了她住的小区。两人相见,哽咽难言。她说:"大家都说你死了,我只好把思念都写出来,自己留着看,这么多年,不知道写了多少信给你,你既然活着,为什么不来找我?"

他说:"看你过得那么平静,不忍心打扰你。"

那天,他跑回家,将留存了半世的书信都背来交给她。她翻着那些思念,眼泪止也止不住。傍晚分手的时候,已经是老太太的她说:"明天你还来,我要把我写给你的信也带来,老天爷没让我们做成夫妻,就用这些信,彼此留个念想吧。"

可是,他第二天来的时候,她突发脑溢血,去世了。

他难过极了,心一下子就空了。他登门想要回那些书信留做纪念,可是她的儿女们很讨厌他,说她是因为他受了刺激才在本该安享晚年的时候去世,便将他赶了出来。

于是,他扮成一个收破烂的,期许哪一天那几个孩子,能将那些书信当垃圾一样卖掉,那是他对尘世间唯一的留恋了!

原来,看似平静的人世间,每天都在发生着波澜壮阔的爱情故事,你眼里久远无用的一封信,也许就是人家填充生命与精神世界的圣物。

一阵风来,报纸哗啦啦被风吹散,犹如凌乱的心绪。我手里攥着那几封书信,忽然觉得无比珍贵。

很多人面对别人的痴情或者转身的时候都会问一句:"这样做值不值得?"以此来理顺正确的人生,获得正确的认同感。听了这个老人的故事,我觉得真正的正确,就是不问值不值得,去做就可以了。

电子支付时代：
你不理财，财真的不会理你

有一段时间，我觉得我赚钱并不少，可总是捉襟见肘。

我女儿长大一点之后，经常想买一些比较贵的电子产品，或者很贵的小猫之类的。我不答应的时候往往有一个理由：没那么多钱，没积蓄。

我并没有骗她，我没有理财的习惯，也没有记账的习惯。收钱花钱都是手机，一收一入没有账单。生活很随意，买东西也很随意，钱就在不知不觉中花没了。

结果女儿就留心起来，开始给我算收入支出。有一天她突然说："如果我们家花钱有计划的话，我们会富有很多，你赚的钱也不少啊。"

我吃了一惊,问她为什么这么说。女儿给我看了几个年度的支出记录,支付宝、外卖平台、淘宝、微信支付……现代生活如此便利,大部分支出确实都在这里了,一目了然。

我盯着这些数字,大脑里一片空白,第一个念头是,不可能啊,难道是有人盗用了我的支付账号?继而又开始心痛,这一笔笔的数字可是活生生的钱啊,就这么如流水一样没有了!

可是想想具体买了什么,又一头雾水。还好有美团,这个比较明显,凡是从这里支付出去的,肯定是吃掉了。

默默计算,良久,我发出一声感叹:"咱们也太能吃了!"

最近,我又加了一个水果店的微信,每日都有新鲜水果上市,店主每日发视频,我对这些鲜艳又新鲜的水果根本没有抵抗力。于是每天手指轻点,没一会儿,新鲜草莓、无籽西瓜、爽口凤梨就送上家门了。

正餐有了,水果有了,如果再有个下午茶就完美了。某个百无聊赖的午后,不想煮咖啡,随手一点,二十分钟后,咖啡、点心就会送上门。

这样的日子真是太惬意了。

有一位朋友她连买蔬菜米面都选外卖。这种看不见钱的消费,减少了我们花钱的心疼感。而且我发现,现在真是很少用到现金了。几乎是一个手机走天下,超市、商场,买菜买早点都可以扫码支付。微信、支付宝,有选择余地,你简单我方便,十指不沾钱,采买全部搞定。

细想想,其实也不是多能吃,而是没有计划,经常会浪费。比如某天我突然想吃朝鲜凉面,可是打开店铺,发现也想吃明太鱼配米饭,那怎么办呢?手指一点,全部下单,也不是因为我多么富有,实在是因为电子支付,完全没有感觉。

经过这次计算之后,我开始反省自己的消费,也开始反省现在的消费方式。

曾经,最笨的办法是把这个月要用的钱分成三十份,每天花一份。忍耐不住,想想明天要饿肚子,也就忍住了。如今你看不到钱,无法受到感官刺激。

在电子支付时代,也需要时常计算一下余额。后来我跟女儿一起研究了一个办法,既然支付没有感觉,那么收入同样没有感觉,就把每一笔收入的三分之一拿出来,存进某个账户再也不动了。

这样剩下的三分之二再分配,还下载了记账软件。

最近看到《贫穷的本质》这本书,书里讲到:穷人往往会把钱拿去消费,而不是预防。

比如,印度一些穷人宁肯把钱用于买一些口味更好但不那么营养的食物,也不舍得买一点廉价的消毒剂给饮用水消消毒,以减少自己得痢疾的概率。于是,得病的概率很高,需要医药费,一点点积蓄付了医药费之后,穷人就更穷了。

当然,我们比印度发达多了,我们也比印度穷人生活得好得多,但是本质上拿到钱就去花,并且没有危机意识,这就是穷人思维,很可怕。

我们的生活总是充满了各种未知,各种陷阱,有点积蓄是生活质量的保证。

可是电子支付中,我们失去了对金钱的敏感度,有一句话这样说:你不理财,财不理你。

放在这个时代,就更准确了。

我反省之后,对花钱的事开始自律起来,不但控制无节制的支付习惯,还开了一个理财账户,硬性存进去一些。

账户里数字不断上升,我的生活品质也并没有下降,电子支付时代的理财,应该变成我们的生活习惯之一。

总有一天你会明白，
没有资本，诗和远方也很残酷

木青微博找到我，说是刚毕业的大学生实习的单位需要做一个对社会各阶层的调查问卷，请我作为自由职业者代表帮她完成一份答卷。

我很认真给她做了答卷，她感谢了我，后来就偶尔在私信里问候一下，打个招呼。

两个月后，她突然发来一串消息，说现在自己很苦恼，很迷茫，遇到了情感问题，甚至想随风而去。

我赶紧放下工作和她聊了起来。

故事是这样的，木青有一个交往了两年的男友，两人是大学同学。木青觉得一个见过世面的女性是要行万里路的，要看大漠苍茫，要体验小桥流水，要登许多的山，走许多的路。这样的人生，才是丰盈的人生。

男生只有一个目标：努力工作，赚钱买房。因为两人都来自小地方，没有根基，也不是名牌大学毕业，想要留在大城市，需要付出比别人更多的努力。木青第一次斗争失败，找了工作，可是没做半年又冒出看世界的想法。男友不同意，说要攒钱买房。木青自己呢，又没有积蓄，急等男友支援。

接着，她发来一个文章链接，文章中的女子动不动就来一场说走就走的旅行。她走过了名山大川，她经历了风风雨雨，她会看着杂志上的图片做衣服，她喝茶，读书，只闻花香。

原来是在这里学的。

我给她分析了现实，先不说这个女人整天是怎么过日子的，单单看着杂志做衣服这件事，就很不靠谱。

我劝她等经济稳定一些再看世界，但还是要和男友沟通。

木青淡淡回我一句："懂你的人不用解释，不懂你的人不必解释，我拒绝沟通。"

我凌乱了，这哪是什么感情问题，这是中了心灵鸡汤的毒。什么叫懂我的人不用解释，人和人因差异产生魅力，你让一个完全相反的人怎么懂你？不懂的不必解释，得，干脆恋人们都分手算了，反正谁也懒得解释。

我觉得她男友工作踏实，为人稳重，结婚后，应该会是好丈夫。

没想到这句话引起了她的反感，她说："女人嫁人就是一次重生，第一次生命你没有选择权，等到第二次生命可以自己做主了，总不能偏偏去选一个不好的，那只能说是自讨苦吃。别人结婚都是去享福的,凭什么我结婚就要受委屈,连见见世面的梦想都要扼杀?"

最后,木青坚持认为男友不懂她,并且不懂情感和生活,是个不值得等待的人,她要分手,并且辞职,去做自己。

我也不知道说什么好,只是问她:"怎么生存,错过了这个工作,以后还好找吗?"

她说:"是金子到哪里都会发光的。"

我默默回了一句:"是石头永远都会顽固不化。"

木青还很年轻,我认识的另一个人已经年过四十了,如果木青不醒悟,估计她就是她未来的样子。

这个人是朋友的一个邻居,她们相邻多年,所以也算熟悉。见面会说说话,散步遇到了会一起走一程,聊聊近况。

朋友说她从没见过活得这么糊涂的女人,年纪一把,身材也不管理,正式工作也没有,靠着家里有套房子出租来维持生计。她还有个弟弟,那套房子父母本来想留给弟弟的,可是她活成这个样子,就先让她收房租得些钱。她也是承认这个事实的,房子给弟弟,房租给她,这个分配很不公平,她是吃亏的,但是她不在乎,她的目标是嫁人生孩子,过有人养的家庭主妇生活。

她一直想嫁人,却蹉跎到了四十岁还没有找到另一半,这多半是有问题的。

有一次我去朋友家吃晚饭,听到外面一个女人大声叫骂,还伴随着呜呜咽咽的哭声。趴在窗口看了一会儿,朋友说就是她讲过的那个女邻居。

我们听了一下,她在骂对面的一个男人。那男人站在路灯下,远远看去像一个木桶一样,圆乎乎矮胖胖的,穿着一身黑色运动装,看不清面孔。她骂得断断续续,但是我们认真听了理顺一下,就将事情拼接起来了。

她想结婚,这个男人却只想领证请几桌酒,并没有打算风光大办。男人还有一个儿子,因为要为儿子存钱,不想把钱浪费在婚礼上。戒指买的也小,并非钻戒,只是一枚宝石戒指。她哭诉的也不是没有道理,按说一个女人第一次结婚,办一场婚礼也不过分。

谁知道朋友说:"要办婚礼没问题,你是不知道她要怎么办。她跟我描述过,要去三亚拍一套婚纱照,因为喜欢那里的海水,浪漫;要定做一个品牌的婚纱;要一枚二分钻戒……这个男的是二婚,带着一个儿子,还有一个老母亲,做一份普普通通的工作,生活也就是糊口,根本不是有钱人。他不会为了一场婚礼失去半年的口粮,他也没这个财力。"

她满嘴都是鸡汤句子,什么如果一个男人爱你,就会为你花钱之类的;每一个女人都是小公主,都独一无二,凭什么我要受这种委屈;会宠爱妻子的男人,才是真正的有福气……

最后那个男人说了一句分手,然后走了。

女邻居哭着回家,房门关得震天响,我对朋友说:"要不要注意一下动静,别再想不开吧。"

朋友说:"不会,我们住在这里五六年,她经常这样。每次谈恋爱她总是提乱七八糟的条件,男的提分手,大家都习惯了。"

我也遇到过一个这样的人,是我表弟的前女友。她每次来我家都很羡慕地跟我说话,最常说的一句是:"姐,我最羡慕自己独立买房子的女人,硬气。不是有句话这样说吗,女人一定要有一套自己的房子,那是一个人的世界,无关世俗。"

我还挺佩服她,心说小女孩挺有志气,现在房子多贵啊,有这想法就证明有目标,会努力的。

结果,她转脸给我表弟也说了这套话,说女人一定要有套自己的房子,写自己的名,摆满自己喜欢的家具,不想应付世界了,就可以躲进去。我表弟也觉得很好,结果她马上逼我表弟给她买一套房子!

自然是分手了,我听到这个消息真是哭笑不得,你不是羡慕我吗,我的房子是自己买的,我没有用男人的钱。鸡汤可以学,一到实际问题怎么就不学了?

最近这几年,到处都充斥着这种心灵鸡汤。看看朋友圈和最火爆的公众号文章就知道了,木青只是这些女人中的一个,她们不信努力,不信奋斗,不信情感,却端起一碗又一碗的鸡汤,将自己麻醉。

她们仿佛永远在自艾自怜,怨天尤人,又装作云淡风轻。一会儿是怨妇,抱怨男人不懂爱,一会儿又化身"尼姑",云淡风轻没有悲喜……你能看穿她们的空虚和迷茫,她们却看不穿这世界的真相——没有稳定的经济基础和真正的实力,诗和远方也很残酷。

・第二章・
最好的人生不是透支，而是掌控未来的能力

房子是租来的，生活是自己的

表妹研究生毕业留在北京工作，职场新人，工作繁忙，第一次一个人住，全家人都不放心。正好我出差到北京一段时间，我舅舅就拜托我来看看她，于是我酒店都没订，忙完了就赶来看她。我想的是她租着房子，我跟她一起住，这样我不但能照顾她一段时间，也能更多地了解她的情况，回家也好交差。

见了我，二十六岁的表妹居然哭了。她可很少这么多愁善感过，我意识到这次来京的重要性，以为她一定是出了什么重要的事。想想现在的新闻，到处都是刑事案件，年轻无知的少女被骗，几乎成了噩梦。她哭着，我心里开始打鼓，也盘算着如果她受到要挟的话,要怎么报警。

结果,她哭完了,我严肃等着她倾诉的时候,她却什么都没说。在我的追问下,她说:"想家了,一个人住在这么破的地方,每天都在受苦。看到亲人就想起家,想家里软软的床,美味的菜饭,想家里的一切。可是又不能丢下工作就走,所以难过,觉得生活太艰难了,也太委屈了。"

"住在破地方?"我这才开始打量她租住的这个房子。

大概是为了租金便宜,表妹租了个一室一厅,位置偏僻,是那种很老的小区。住在这种小区的原住民几乎已经没有了,大多是租房的北漂族,所以配套设施很难跟上。

这个小房子,看起来年代久远,厨房和卫生间的水管都裸露着,有的地方生了锈,非常难看。地板也非常老旧,花色模糊不清,双层的玻璃也有很多地方模模糊糊,不知道是需要擦了,还是因为双层玻璃里面进了空气,导致了大片破坏性模糊。

再看卧室里,床头柜上摆着两瓶口腔炎液,垃圾桶里有很多快餐盒,床品家具都很古老,颜色也暗,像是旧时光里走出来的古董。怪不得表妹觉得破,生活在这样的环境里,整个人都成了古老的"植物",毫无活力,像掉进了时光隧道,穿越回了八九十年代。门一关,现代社会被关在门外,这种感觉确实很不好。

表妹说:"每天下班,都觉得自己穿越了,一下子就从繁华的大都市回到了八九十年代,要多无聊有多无聊。有时候还会产生恐惧感,怕自己第二天一出去,整个世界都变成这个样子。"

北京的房子寸土寸金,我能理解她租住在这里的无奈,但是也为此深深担忧,这样幸福感为零的生活空间会影响心情吧?时间长了再抑郁了,这可不是闹着玩的。

第二章
最好的人生不是透支，而是掌控未来的能力

我迅速盘算了一下，发现目前似乎也没有好的解决方案。要说装修高端有品位的小区和公寓，北京遍地都是，可是那个价格根本不是表妹这样的职场新人负担得起的。给舅舅打电话请求支援？似乎也不靠谱。舅舅的退休工资连个卫生间都不够租，说了他也是干着急。

再反过来想想，在房价高昂的北京，那么多合租者，表妹能单独住一室一厅，关起门来可以享受独处，其实也是一种优势呢。

她上班的时候，我就在这房子里休息了一下，我其实也很想去住酒店的，谁想住这么旧的房子？但是我有责任，尤其是她情绪这么不好，我不能走。我咬着牙把行李打开，拉开她暗红色的衣柜门，将衣服一件件挂进去。

晚上，她回来后我们一起出去吃饭，这个地方偏僻，也没有几家像样的餐馆。没有太多选择，我们匆匆吃了一点就回去了。路过一家水果店，我进去买点水果，刚捡了几个山竹一把香蕉两盒草莓，表妹就将我拦住了，说吃不了。我忽然想起床头柜上那两瓶口腔炎液，惊问："你是不是不经常吃水果？"

她点点头："一个人没办法买水果，买少了不值得，买多了要坏掉。很多水果都不能存放，索性就不吃了，太麻烦。"

"怪不得你口腔溃疡，这是有多缺维生素。"心疼之余，我也心悸。想想一个刚接触社会的女孩子出门在外，真是不容易。住得不好，吃得也不好，生活还有什么乐趣？

第二天，表妹上班走了，我这天也没什么事，马上起床行动起来。先是量了一下地板尺寸，出去买了一些漂亮的地板贴贴好，又买了两条漂亮的地毯，一条铺客厅，一条铺卧室，光脚踩上去，柔柔软软的。又买了新的床品，还去宜家买了一个小书架放在床边。厨房和卫生间,我请了几个工人,将管子简单包了一下,又找装修公司给房间全部贴了壁纸,最后请保洁将角角落落都收拾了一遍。

这些事零零碎碎,并不是一天能完成的。第一天,表妹下班回来的时候看到家里堆着凌乱的东西几乎崩溃了,哭丧着脸说:"姐,我这都够破的了,你就别再折腾了。反正也是租来的房子,费时间费钱费精力,都不划算,我不一定一直在这里住的。"

谁爱折腾,我把自己搞的灰头土脸的,我出去逛逛故宫不好吗,还不是为了她!

我不以为然地说:"房子是租来的,日子可是自己的。"

她随我折腾,第三天,家里已经焕然一新。我去花店买了一束鲜花,买了一套精致的餐具,给她做了晚餐,今天晚上不用出去吃没滋没味的晚饭了。

那天表妹回家的时候,进门就惊呆了。墙壁换成了银灰色暗花的壁纸,电视换了一个液晶大屏,地上有洁白的地毯,桌子上有四菜一汤和鲜花,水晶碟子里有切好的西瓜和菠萝。沙发角落里静静躺着一架古筝,这是表妹少女时期最喜欢的乐器,工作之后就几乎忘记了。

这古筝是我在咸鱼上淘来的,主人换了新琴,只想着把爱物转给喜欢它的人家里,非常便宜的价格就给我了。

经过小小整改,灰姑娘变成了白雪公主。

整个房间明亮又精致,她开心地扑过来:"这也太舒适了吧,这还是我原来的家吗?"

晚上,吃完饭,表妹弹了一首曲子。结束后,她没有转身,背对着我沉默片刻后突然说:"姐姐,我明白了,一个人也要好好生活。"

是的,人生一直在前进,会有爱情,会有陪伴,会有一个新的家,但也许那个人要很久才出现。在这个人出现之前,在脱离家庭独立生活之后,一个人的这段日子,也要好好的。

世界上只有一种真正的英雄主义,就是认清了生活的真相后还依然热爱它。

如今,视频中表妹终于不再萎靡了,她兴致勃勃地告诉我,她和一家水果店订了口头协议,他们会每天送两三样水果过来,顺路又不贵。她还会在周末请同事来家里吃饭,因为现在家这么舒服整洁,也是可以待客的了。当然还有我最关心的问题,她再也不会口腔溃疡了。

理想再远大,目标再宏伟,那都是未来,而眼下的日子,每一天、每一分时光飞逝,这些才真真切切是自己在过的日子,是真正的能力。

我以我的生活经验,改变了表妹的处境,也改变了她的生活方式。

跳跃的父亲

收拾家里的旧东西,在阁楼里发现一副破旧的皮手套,宽大,款式老旧,内里衬了厚厚一层人造毛,很厚实。手套已经破旧得不成样子,曾经的黑皮变成了深灰,一道道裂开了口子,像一个老农因劳累而开裂的手掌,满是沧桑和岁月的磨砺。

这是我十几年前用过的第一副手套,带着流年的气息扑面而来。

十几年前,父亲在乡里的一个供销社工作。春节前,供销社响应国家号召,举行冬季运动会。当父亲发现跳远组第一名的奖品是一副黑皮手套时,他的眼神马上被领导办公室里散发着皮革香气的皮手套吸引住了。于是,父亲果断报名参加冬季运动会的跳远比赛。

那时父亲已经是四十岁的中年人了,身材偏胖。除了小时候在学校里跳过远外,他从没参加过任何形式的运动会,可是父亲执意参加比赛。他先是找到中学的体育老师,跟人家咨询怎么练习,应该注意什么事项,然后在距比赛还有两个月的时候,他就开始练习了。

我和母亲从没见父亲这么坚定。为了练习跳远,父亲不放过任何的机会。父亲利用上班前的那一个小时,在自家的院子里跳;利用休息时间在村外的土路上跳。遇到邻居惊讶的目光和问询,父亲往往来不及说什么,就将手一挥,跃了出去。沉重的身躯在空中划出一道弧线,伴着父亲因为体力透支而飞扬在空中的汗水。

母亲极力反对父亲练习,认为这么大的一个人,为了一双手套练习跳远不值得。父亲一边擦汗一边给母亲解释:"这么冷的天,闺女又不肯戴你缝的手闷子,细皮嫩肉的,会把手冻坏的。没有钱买手套,我就是想把那个手套赢回来,给闺女戴!"母亲就不言语了。

那年,我考上了乡里的中学,七八里的土路,需要骑自行车往返。冬天,刺骨的寒风呼号,我经常要在天蒙蒙亮就起床上学。妈妈给我做了厚实的棉手套,乡下叫手闷子。跟同学们戴着的各种皮或者毛线的漂亮手套比起来,那是个非常丑陋的东西,所以我坚决不肯戴。一副皮手套要十几元钱,母亲没有工作,家里好几个孩子,就靠父亲的一点工资过日子,根本没有余钱来给我买皮手套。

一天上学的路上,我捡到了一只红色的棉手套,很精致很厚实,但是只有一只。估计是因为剩下一只,人家扔的。我如获至宝,每天都戴在手上。隆冬,冷极了,手扶在冰凉的车把上,一会就没了知觉。但只有一只手套怎么办呢？后来我想了一个办法，就是用戴着手套的这只手扶车把，另一只手插在裤兜里。虽然这样骑车很不稳定，但跟冻着一只手比起来，毕竟好多了。

后来，每天的乡村土路上，就多了一个一只手扶把骑车的女孩子，路过身边的人们不明就里，总是对我指指点点的。

现在，我家小小的农家院子里多了一个跳跃的身影，同样不理解的乡亲们也对父亲充满了好奇。每当他下班回到家里，开始练习跳跃的时候，就会围上一群好奇的孩子，在父亲几近笨拙的跳跃中发出哧哧的笑声。渐渐的，父亲跳跃的身影成了大家的笑料，他不再是那个受人尊敬的供销社职工，而成了有些固执、有些心理毛病的人。

父亲没有空闲去解释这些，只顾努力的练习跳远。经过一个多月的练习，他跳跃的身影已经不那么笨拙了，从最开始只能跳一米远，距离拉到了一点五米……晚上，院子里一团漆黑的时候，父亲就在黑暗中跳。我躺在床上，闭着眼，听院子里一连声传来的咚咚声，像敲打在大地上的心跳，也像一柄锤敲击在我的心上。我闭着眼睛，泪水一滴滴落在枕头上……

正式比赛那天，父亲起了个大早。那天是周末，我和母亲在家焦急地等待着父亲的消息。我将母亲缝的笨笨的手闷子抓在手里，心想如果父亲没有得到那个奖品，我就告诉他，以后戴着这个也没关系。

傍晚，父亲一瘸一拐地回来了，脸上笑成了一朵菊花。一进门，就对我扬起了散发着皮革清香的手套。虽然是男士的，而且是大人的号码，我还是欣喜不已，这毕竟是副皮手套啊！不仅保暖，而且时髦，再也不怕人笑话了。

父亲在一边得意地笑着:"要不是我的脚扭了,会跳得更远呢?"弟弟连忙追问:"到底跳了多远呢?"父亲高兴地拍了拍他的头,笑着说:"反正比平常远!"

从那之后,父亲再也不跳了,但是他好像更忙了,还接了些私活下班的时候干。我戴着父亲赢来的手套上完了中学。父亲再也没有提过运动会和跳远的事。路上没有一手骑车的女孩了,小院子里也不会再有一个中年人拼命跳跃的身影,一切都恢复了平静。

关于手套的真正来历,我是在多年以后听父亲单位的彭叔叔说的。他说比赛那天,父亲上场的时候,因为紧张将脚扭了,结果跳得很平常,连前三名都没进,第一名被健壮的彭叔叔获得,听到比赛结果的父亲蹲在场外放声大哭。大家都知道父亲是个坚强乐观的人,就围过来问他原因。父亲就将自己想要获得手套的目的和彭叔叔说了,彭叔叔当即把手套递给父亲,说他参加这个比赛根本就是闹着玩。父亲坚决不收,后来,彭叔叔说:"这样吧,手套就当是我卖给你的,你慢慢还钱就是了,跟孩子就说是得来的不就完了。"父亲想想答应了。然后,开始打零工赚钱,慢慢还彭叔叔的钱,等到彭叔叔跟我说这些事的时候,父亲的钱早就还完了……

我没有言语,只是将已经旧了的手套放到箱子里,打算做一辈子的珍藏。而今看见,那些记忆扑面而来,手套似乎诉说着什么。手套,让我懂得了要去珍惜,要去回报。

第三章
爱情不需要等待,陪伴是最长情的告白

不拒绝不喜欢的人,不是善良,是残忍 / 爱满则溢,留些余地爱自己 / 很久以后我才明白,懂得妥协才是真爱 / 珍惜,比深情更可贵

第三章
爱情不需要等待,陪伴是最长情的告白

爱浅尝即美,
女人千万不要太痴情

今天听到一个让人心酸的故事,一个远房亲戚为爱人等待了一辈子。最开始订婚被家人拆散,男的迫于压力和别人结婚了,这个远房亲戚一直不嫁。过了很多年,这个男人离婚了,她以为机会终于来了,可是男的却因为一场病,撒手人寰。命运真是捉弄人,家里的人都希望她再给自己一次幸福的机会,给她介绍对象,她说她放弃了。这辈子既然没有等到爱的人,就一个人过吧,反正也过了这么多年。

女人是感性的,特别容易痴情,可是却不想想这痴情的背后,会有多少凄凉的日子。

2004年,一幅张人千的《苍莽幽翠图》被专家估价近千万,引起轰动。画作上第一次惊现的"秋迟"印章,更是掀起了一场关于张大千和才女李秋君的旷世柏拉图之恋。

张大千和李秋君相识的时候,张大千二十二岁,在上海画界拼搏,他仿石涛的画到了连行家都无法鉴别真伪的程度。受骗的富商不计其数,李秋君的父亲李茂昌便是其中之一。他花五十块大洋买回石涛的"真迹",拿给女儿李秋君看。李秋君笑着对父亲说:"这画是假的,但作画之人天分极高,将来成就之大,将是划时代的。"

李茂昌爱才,邀请张大千到府上小住。张大千在客厅里被一幅《荷花图》吸引,见那荷飘逸脱俗,笔法清奇,不禁慨叹:"画届果真天外有天啊。看此画,技法气势是一男子,但气体瑰丽,意境脱俗又如女风,实在是让我弄不明白。"李茂昌笑着叫出了画作的作者,张大千以为是个垂垂老者,没想到夕阳的余晖下进来一位清丽俊气的女子。这个女子,便是李茂昌的三女儿李秋君。几分钟的目瞪口呆后,张大千反应过来,心潮澎湃,一把推开面前的椅子,几步奔到李秋君面前,"扑通"一声跪倒在她的面前,口中喊着:"晚辈蜀人张爰见过师傅。"

一个是上海驰骋画界的风流才子,一个是远近闻名的美丽才女,这一次的相遇,情愫已生,无可阻挡。

可惜的是,此时的张大千不但娶了妻,还纳了妾,拥有了常人的美满。如此美好的一个女子,怎能委屈她给自己做妾?张大千百感交集,叹人生宿命无常,姻缘不由己。无奈之际,他背着李秋君,偷偷刻下了一枚印章:秋迟。还君明珠双泪垂,恨不相逢未嫁时。秋已迟,姻缘无望。

从此后,李秋君和张大千兄妹相称。爱情犹如一粒种子,虽然

第三章
爱情不需要等待，陪伴是最长情的告白

暂时被兄妹这层浮土掩盖，终归会有破土的一天。这天，张大千正在给老家的妻妾写信，李秋君试探着问："兄长如果能再纳一位大小姐为妾，也算是圆满了。"此时的李秋君，已经深深爱上了张大千，只要能相伴左右，已经不在乎名分。

张大千听了李秋君的话，宛如石化。那天，他在画室整整坐了一天，傍晚，李秋君端茶进来的时候，张大千一个箭步，"扑通"一声，又一次跪在了李秋君面前，声情凄切地说道："我一生最爱的红颜知己，除你之外再无他人。但是，我若纳你为妾，等于使一代才女受辱，我必遭天谴，我虽年少轻狂，却不敢做此事……"

因为爱之深，他不愿以妾之名使她受辱。李秋君双泪滚滚，心神俱裂。这也就意味着，一对有情人在漫漫人生路上，只能以兄妹相称，永无改变！

从此，李秋君将爱深深埋在了心里，一生未嫁，一直尽心照顾张大千，张大千的徒弟们也都称呼她为师娘。

怕李秋君一个人寂寞，张大千将自己的亲生骨肉，心瑞、心沛过继给她当养女，李秋君对两个孩子视同己出，非常疼爱。

后来张大千在李秋君的鼓励下，到敦煌写生，之后又开始了全国旅游写生，两个人分开，张大千无论身在何处，都要给李秋君写信告之，并和她探讨艺术上的话题。她是他的爱人，也是唯一的知音。他们这样保持通信，彩笺化成相思泪，一写就是四十年。

如花美眷，终逃不过似水流年，昔日名满上海的才女李秋君，已经没有了青春和美貌，唯剩了一颗灼灼的心，仍然系在张大千的身上。

1939年，国内时局动荡，战事频繁，张大千携新婚四夫人到上海给李秋君庆五十大寿。此时的张大千，患了糖尿病，所以席间每上一道菜,李秋君都会先品尝,尝尝咸甜,再给张大千吃。分别的时候,李秋君拉住张大千新婚夫人的手说:"你能在他身边照顾他,真好。只是我不能够。这是我给他写的菜谱,请你好好照顾他!"他携新夫人参加她的生日宴,对普通女子来说,无疑是个巨大的讽刺,然而李秋君的心已经无暇怨恨,她的心,被无限的痴情和爱占满了。

抗战期间,李秋君执意留在上海,不答应张大千的邀请,不想给他带来什么负担。思念之余,张大千挥笔画下了一幅巅峰之作,歌颂祖国山河的巨幅山水画《苍莽幽翠图》,盖上了"秋迟"之印,并托朋友将画拿到上海展览,希望李秋君能看到,寥寄相思。可惜的是此画还没来得及到李秋君手上就被没收了,李秋君一直到死也没看到这幅画。

李秋君去世时,张大千正在香港举办画展。听闻她去世的消息,他神思恍惚,长跪不起,难过得无法进食。晚年,身边弟子听到先生说得最多的一句话就是:"三妹她一个人啊……"

想起他曾写信给她:此生最大的遗憾就是生不同衾,死不能同穴。你我虽合写了墓志铭,但后世依然让人心忧。如今,斯人已去,世间余温斩断,他怎能不颓然伤感。

张大千二十岁出名,天性风流,一妻三妾相伴不算,还有红颜知己无数,他的人生如他笔下的画卷一样丰富。

人是复杂的,人生更是复杂。如果完全悲观绝望就好了,就是有那么一点点希望才惨。

一跪敬,二跪惜,三跪痛。国宝级大师张大千,为红颜知己不惜付出一生三跪,岂不知,正是这三跪之痴情,成全了李秋君的爱情梦想,也禁锢了她的一生。

第三章
爱情不需要等待,陪伴是最长情的告白

苍莽幽翠话秋迟,李秋君用一生诠释了对张大千的深爱之情,却终归是红颜一梦,天涯路远。

这世间,有多少爱而不得,得而不爱。江山与美人,痴情与守望,遗憾却不幽怨,命运与情感兜兜转转,守候着一倾苍凉渡世,茫茫然的悲情中也有一份坚定和矢志不渝。

胭脂醉,红颜泪,一笔又一笔的过往,一抹又一抹的胭脂红,淹没在历史深处,将浩如烟海的故事,娓娓道来。

祝英台痴心不改;李清照痛失知己;朱淑真为爱痴狂;卓文君听琴私奔;林黛玉一生凄哀;杜丽娘一梦成殇……痴情的故事往往太凄美,让人不忍读。

福祸轮流转,是劫还是缘,福祸无分,劫和缘,只是一念之间。

女儿劫,悲与欢,善缘和孽缘,迈不过一个情字,逃不过一份痴念。

古今痴男女,谁能过情关?携裹着人性与宿命,交替往复,无止无休,想得不可得,想爱不能爱,眼前人不是心上人,心上人不曾到眼前。你有你的痴,他有他的恋,交替往复。

想来,爱之一字,浅尝即美,痴情为劫,女人千万不要太痴情。

爱情不需要等待，
陪伴是最长情的告白

　　看了一本小说，讲述了一对恋人的故事。他和她在最美好的年华相爱，很是甜蜜。后来，他要出国深造，为了事业，他要她等，等成功的那一天，他们成亲。为了爱，她等。无数寒暑交替，沧海变成了桑田，八年过去了，他结婚了，新娘却不是她。她的心好像被掏空了，成了人世间的一缕幽魂，在他成婚的那一夜，她独自走向郊外的河边，临别发了最后一条微博：我等得好辛苦，结局好悲凉！同城网友依靠一点点微弱的线索，几十人寻找了大半夜，最后连警察都出动了。找到她的时候她正恍恍惚惚在水里挣扎，试图结束人生的痛苦。

第三章
爱情不需要等待,陪伴是最长情的告白

我周围也有这样的例子。有个女孩,她单位有个帅气男人很喜欢她,但是他有未婚妻,于是他求她能不能等自己两年,他用两年的时间解除婚约。条件是这两年女孩不能交男朋友……男人家世好,长得好,令许多女人动心,女孩很喜欢他,所以陷入焦灼。两年时间的等待值不值得?等不等呢?当然是不能等。

无数的爱情誓言里,都有一个"等"字。"你等我!"

只有没有经过人生"毒打"的女人,才会为了一个男人,一份爱情苦苦守候,为了爱,为了珍惜,为了他日的一份圆满和相守,放弃一生或者整个人生。只是,爱情的付出和回报永远不成正比。世事如流水,每一时每一刻都在变化,如果等不到那一天呢?谁还你青春,谁许你结局圆满?

爱情是一刹那的事,不讲究预约。谁也不是琼瑶剧的主角,人生的作者更不是金庸——小龙女跳崖十六年,还有个鬓染风霜的过儿心心念念。

爱情和等待没有关系,多么深的恩爱也敌不过时光的侵蚀。磊落有担当的爱人,都不会让爱人靠一句诺言来等待。如果没办法共同承担,不如放弃等待,一别两宽。

大家都是凡人,同样身处喧嚣浮躁,同样会孤独寂寞,会需要一个肩膀来依靠。

苏武出征匈奴前,曾经给恩爱的妻子写过一首诗:"结发为夫妻,恩爱两不疑。欢娱在今夕,嬿婉及良时。征夫怀远路,起视夜何其?参辰皆已没,去去从此辞。行役在战场,相见未有期。握手一长叹,泪为生别滋。努力爱春华,莫忘欢乐时。生当复来归,死当长相思。"他说,我们是多么恩爱不舍,可是,我又不能不走。我走后,你要快快乐乐过日子,只有你开心了,我才安心。他没有说一个等字,

这是一个男人真正的担当和爱。

他果然被扣押在匈奴,受尽人间苦楚,并且,遥遥无期,直到十九年之后。十九年啊,人生能有多少个十九年可以等待。妻子以为他死了,早已经改嫁。苏武也在匈奴娶妻生子,有了庸长的幸福。

如果我不幸死了,我这一生,最爱的人,永远是你。可是,如果没死呢?

多少真爱流光易碎,根本无法抵御琐碎的生活。

几年前看一个情感实录节目,讲一对生死恋人。现实问题是,男人穷,一直不被女方家看好,于是,女方家长找到男人百般刁难,说如果他是真爱便要先给女方一份好的生活。男人一怒之下悄悄南下深圳,奋力拼搏。五年之后,赚到了房子车子回来寻找女人。可惜的是,女人在这么久的等待中憔悴过、伤心过,终于又接受了一份爱,有了平凡却美满的幸福!男人无比失落和沮丧,试图通过电视台的影响让女方回心转意,女方拒绝!

是的,我真爱过你,可是这五年的缺失,是曾经的爱能弥补的吗?你以为,这一去,能成全爱情的壮美,却不曾想她需要的只是枕边的一个轻吻,是晚饭后拉手散步的悠闲,是吵架,是做家务,是夜间一个温柔的抚摸!

看,等待无果后,千万不要再死守承诺。每个人都只有一生可以过,珍惜爱情很重要,珍惜眼前的日子更重要。

何况世事难料,人心也难测,我们都活在变化中,等下去,万一到那一天,不再爱了呢?

茨威格有本小书《昨日之旅》也是讲一对深深相爱的情侣,他和她在最浓情的日子里被一场战争分隔两地。被思念无情啃噬了无数的日夜之后,他们终于又相见了,然而那份情却像一根刺,盘桓在记忆深处。最后的结果是,他们迫不及待地转身逃离!

没有朝夕陪伴,纵使再相爱的两个人,也穿不过时光。所有在爱情里甘愿傻傻等待一个圆满的人,注定会血本无归。

在命运的粗暴干涉下,任何爱情都无可逃遁。很苍凉吗?人生往往如此,你可以用意志和信仰,躲过苦寒交迫,躲过大事大非,却躲不过片刻荒凉。最后,忍不住转身接受另一双手的温柔爱抚,另一个怀抱的踏实熨帖。

爱情和等待没有关系,爱情只和相守有关系。一茶一饭一朝一夕,实实在在的人,在眼前。当我们爱一个人,最在乎的,不是对方有多少光环,而是陪伴,雷雨夜能找到你的怀抱,病痛时可以跟你撒娇。

思念那么长,寂寞那么冷。与其在悬崖上展览千年,不如在爱人怀里痛哭一夜。

我们喜欢小龙女和杨过的爱情,我们唏嘘金岳霖对林徽因的爱情,但是我们更愿意躲在自己的烟火人生里感受庸常的陪伴,继续着我们平凡相守的幸福。没有等待,没有从巨大希望跌进巨大失望中的空茫。

"你等着我"是爱情中最不负责任的一句话,多少宝贵的青春年华,多少饱满的爱情,都在无休止地等待中,枯萎成秋风中的一朵落花。

不拒绝不喜欢的人，
不是善良，是残忍

　　我闺蜜曾经遇到过一个追求她的男人，那个人各方面条件都不错，就是大男子主义太严重。我闺蜜还没答应跟他在一起，他就开始规划我闺蜜的生活，比如：以后要辞职做全职主妇；看电视不准看政治类新闻类，因为女人看点艺术类和爱情剧就行了；出去吃饭必须他点菜……这样的人肯定不适合在一起，但他每次来约闺蜜的时候，她都不知道如何拒绝。于是，她只好跟我们几个好朋友商量。我们当时也太年轻了，都没有经验，商量来商量去，也没有找出最好的办法来拒绝，就拖下去了。

　　直到那个男人提到了结婚，我闺蜜才说她并不喜欢他。男人一直以为两个人在谈恋爱,突然得到这么一句答复,恼羞成怒,跟我闺蜜算了一笔账,连吃饭买花的钱都算进去,要她赔。我们凑了半天,才凑齐了还他。结果他还时不时来闹一下,骂我们怂恿闺蜜跟他分手,我们吓得搬了一次家才摆脱了这个人。

想想那时候,年轻没有感情经验,更不懂得怎样得体地拒绝一个人,所以最后闹得很麻烦。

这世上最美好的感情就是我喜欢的人也恰巧喜欢我,天时地利人和,有了互相喜欢和爱做基础,无论怎样的生活都能过得很快乐。这是爱情的魔力,也是一种幸运。

但是生活中往往没有那么顺心如意,你喜欢的人不喜欢你,或者喜欢你的人你不喜欢,这样的概率比遇到互相喜欢的人的概率要大。

你喜欢的人不喜欢你,这样的问题也算好解决,追不上放弃就是了,决定权在你手里,怎么掌控都容易。可是另一种情况该怎么办呢?喜欢的你的人,你不喜欢。

我们都知道,遇到不喜欢的人追求自己是肯定要拒绝的,可是拒绝也需要有技巧。要做到不伤害对方的自尊心还能达到自己的目的,其实并不容易。今天我们就来说说,怎样巧妙拒绝你不喜欢的人。

为什么要讲这样一个话题呢?因为被人喜欢是很平常的一件事,喜欢你的人你不喜欢,也是容易遇上的。成熟的人,应该先学会拒绝,再去学相爱。拒绝这件事,做好了,增加你的魅力值,如果做得过火了,就容易树敌。

具体该怎样做比较好,我们把不喜欢的人分一下情况。

第一种情况:这个人明确追求你,而你并没有感觉。具体表现为:他已经表白或者送了你贵重礼物,或者在情人节送你玫瑰。

这种情况是最容易拒绝的。因为对方来势明显,目的明确,对这样的追求者,我们的拒绝要做到坦白、直接,不能让对方不清楚你的想法。

比如,在他表白的时候,你可以直接说:"不好意思,我知道你很好,也很照顾我,但我们不合适。"知难而退的追求者就会明白了。如果遇到比较痴情的,你说了"对不起我们不合适,你不是我的理想类型",他却不为所动,说他"就是想对你好,不要求回报"。然后还送你十分贵重的礼物表达心意。

被人喜欢,被痴缠,是很满足虚荣心的事,女孩子不要贪图这点虚荣,果断一点拒绝,以后的感情生活会更顺畅。可以果断退回他的礼物,无论你是委托别人退,是快递退,还是亲自退,都要退回去!

注意重点,是退回礼物!不是送他一个同等价值的礼物表示你不想收。有的女孩子就是比较单纯,碍于情面把礼物收下了,又不想欠一个人情,不想被误会,于是就花钱买个同等价位的礼物送给对方。这样做表面上看自己是心安了,可是你要想一想,这样一来一往,很像交换定情信物。弄不好会被对方误会你对他有意思,害人害己。所以,还是干脆一点比较好。我不喜欢你,所以我不收你的礼,不欠你的人情!

再来说说第二种情况:对方在试探你,对方并没有明确表达出喜欢你要追求你,但是明显对你有好感。比如一起吃饭会特别照顾你,东南西北送你都顺路,在大家一起聊天的时候,你无意中说了一句"嫁不出去了",他马上跟一句"那我娶你呗"。把喜欢都放在玩笑中,表现出来的是云淡风轻,但是他对你和对别人明显又是不一样的。这个时候最难拿捏,你退一步,他进一步,很容易被别人误会你们是男女朋友,或者他轻易就觉得你也芳心暗许。

这种暧昧阶段要怎么拒绝呢?对方没有明确表示出来喜欢你,要跟你在一起,你总不好直接跑去跟人家说"我们不合适,你不是我喜欢的类型"。

这个时候要委婉一些,比如可以在他争着送你回家的时候礼貌地说:"我男朋友一会儿会来接我的,谢谢你。"

这样的表达已经十分明白了,你不能再介入我的情感生活了;或者不想给自己编一个子虚乌有的男朋友出来,也可以用别的方式。在玩笑中,他表示可以娶你,你就说:"我早就嫁给了工作。"也用一句玩笑挡过去,千万不要顺着他的话题往下说。继续回答下去,很容易变成打情骂俏,最后被对方误会你动心了。等到那时候对方以为达到目的了,你再说我们不合适,给人希望又突然让人失望,显然对人的打击太大,容易伤人。

不喜欢一个人,拒绝一定要干脆利落斩钉截铁,不能有一丝拖泥带水。

因为人性都是有弱点的,他最开始对你的付出往往是自愿的,可是你的态度不清楚导致他继续付出,最后你不喜欢他,他达不到目的,这个过程很容易衍生出怨恨。

感情最难说清楚,喜欢一个人就想给他全世界,在对方一腔热忱的时刻,你的拒绝就像一瓢冷水,可能会伤害对方。这个时候就要设法维护对方的尊严,给他一个心理平衡的机会,举例说,可以先对对方的相貌、学识、才华、人品各方面加以赞许,给予充分的肯定,然后再说一点自己的缺点,说明是自己的原因不能接受。给对方留点面子,留点余地,做不成爱人,至少也不会成为仇人。

无论哪一种拒绝方式,都要有礼貌和温和,不能伤害对方的自尊心,更不能侮辱人家。其实被别人喜欢,说明你是一个有魅力的人。得体地拒绝了不喜欢的人,说明你是一个理智且有明确目标的人,也是增加魅力的选项。

千万不要以为自己绵软心善,不会拒绝。要知道给一个人以希望却最终让他陷入绝望,不是善良,是残忍。

太宰治在《人间失格》中写道:"我的不幸,恰恰在于我缺乏拒绝的能力。我害怕一旦拒绝别人,便会在彼此的心里留下永远不可愈合的裂痕。"

拒绝一个不喜欢的人,也许会有一些伤害,但是,不拒绝,会对对方造成更大的伤害。

第三章
爱情不需要等待,陪伴是最长情的告白

不能选择的好处,
我们都忘记了吧

  为什么父辈婚姻不自主,却大多数一辈子安稳平静,过出了岁月静好的味道?当一个好人和另一个好人被绑定在一起,从此再无二心,日子反而会很平静。

  也许,是他们失去了选择权。生命何其漫长,人类争取了多年才争取到了婚姻、恋爱的选择权,争取到了人权自由。可是没有选择权的时候,就真的绝对不好吗?

  其实有时候,选择太多也是灾难。

  搬来新居的第一天,我就注意到那对夫妇,他们租住在楼下一间装修过的车库里,很小的一间屋子。男的有些驼背,皮肤黑黑的,很显老。女的有些胖,还喜欢穿红红绿绿的衣服,俗气又张扬。在我们这群衣着讲究光鲜靓丽的职业女性中间,她就像一朵开在百花园中的野花,低眉浅笑间,显得那么突兀和局促。

他们夫妻卖水果,三轮车就停在车库外面。他们一起出去卖水果,就在门口的夜市那里摆个摊子,一个称,一个收钱。晚上,他们会一起做饭,卧室兼厨房的小屋子,烟雾缭绕,煎炒烹炸,抛开局促和卫生状况,倒也有着足足的烟火味道。

我有时候懒,就在晚上敲开车库的门跟他们买水果,他们乐得做生意,我也乐得不必跑腿。于是,就慢慢熟悉了,见面打个招呼,有时间还会闲聊几句。驼背男人对老婆很体贴,每次我去买水果,他不是在做饭,就是在洗衣服。他老婆则比较悠闲地靠在床上看电视剧,吃着时鲜水果。

"你对老婆挺好呢。"有一次他老婆拿着钱去小卖店换零钱,我对驼背男人说。驼背男人有些得意地说:"你不知道,我这个样子,又穷,又没本事,又难看,除了老婆谁还会稀罕我,我当然要对她好。我要宠着她,把她宠得美滋滋的,她才对我一心一意。这么一算,我多划算。"

很朴实,又有着小小的狡猾和爱。

圣诞节,天气彻骨的冷。想起晚上的圣诞晚宴,缺少了孩子爱喝的牵手果汁便穿了大衣出去买。发现他们将三轮车停在小区门口,一车花花绿绿的平安果。再过几个小时,就是平安夜了,所以苹果并不好卖。他们并排站着,守候着一车苹果。北风像刀子一样刮在脸上,后来竟然飘起了雪花,街上的年轻情侣们大呼浪漫,他们却冻得直哆嗦。

第三章
爱情不需要等待,陪伴是最长情的告白

我说:"这么冷,眼看着就天黑了,还不快回屋子里去呀。"男人说:"没事,我给老婆带着热水袋呢,再卖一会儿就回去。"女人也说:"习惯了,不怕。"

回来时,天已经黑了,昏黄的路灯下,雪花像无数的精灵肆意飞舞。他们正在收拾三轮车。男人说:"这个最大最好看的送给你吧。"女人也说:"这个送给你。"

那么一车的平安果没卖,那么冷的晚上没有吃饭,那么欢乐的节日冷冷清清。他们居然还能苦中作乐,互相开玩笑。

这之后,一年的工作到了尾声,忙忙碌碌竟有好久没有看见他们了。

春节前几天的一个傍晚,对面楼的一个年轻女白领因为老公外遇不归绝望悲伤,竟然站在楼顶的天台上,打算跳楼。

楼下救护车、警车响成一片,吵嚷得整个小区都喧闹起来。领导给我打来电话,强调这件事情是多么的紧急,要我赶紧下楼采访,说可以将这件事做引子,延伸做一个策划,探讨一下都市人脆弱情感的成因。

于是,我披衣下楼,胖女人也在看热闹,一个人,仰着头,看到我,不断地唏嘘感叹,表示不理解。不一会儿,驼背男人拄着拐杖走出来,手里举着一个圆形热水袋,用很大的声音对女人说:"你来事了,不怕肚子疼吗,大冷天的。"然后将热水袋塞在女人怀里。几个原本紧张的人被男人的话逗乐了,人群发出了小声地笑,女人脸上很不自在,转身嗔怪:"腿有病还跑出来,讨厌。赶紧滚回去,再疼起来,别想让我伺候你。"男人嘿嘿地笑,转身一瘸一拐地回去了。

女人小声对我说:"记者同志,我那里还有一些新鲜杌果,你要是想要的话,我一会儿给你送过去吧。你不要的话,我明天就都处理了。我们要搬走了。"

"为什么?"我一边给顶楼的女子拍照,一边漫不经心地问。

"我男人那个腿病,好像挺严重,我得带他去治病。不过你别告诉他,我怕他着急。治不好他,谁来疼我啊。"她的声音有些哽咽。

我的心里,忽然升腾起了热乎乎的感动。头顶上,正有一个美丽而又绝望的女人,因为情感危机而生死难料;楼下的冷风中,却有一个胖女人和一个穷男人演绎着人生中最平凡最珍贵的故事,彼此依恋,彼此关爱。

宿命吗?还是别的什么。

我想起了驼背男人的话:"除了我老婆,谁还会稀罕我呀,世界再大,只有老婆和我最亲。"

是的,在这个世界上,以他们的条件,彼此是唯一。除了这一个,不会再有第二个人。所以,算来算去,他们只能选择一心一意,竟也能游离在喧嚣之外,不受世事纷扰。

说到底,爱情是什么呢,青春容颜还是物质享受,或者是两人的心灵契合?其实都不是,爱情就是一种必然存在的算计。算啊算啊,我的条件,可以拥有 A 也配得上 B,甚至我用点心的话,还能打动 C,所以,便不再珍惜你。因为选择众多,便从容放弃。有余地,便心存挑剔,由此衍生的恶果是贪婪和绝望。

可笑的是我们都在千方百计提炼着自己,完善着自己,期待着能有更多的机会供我们选择和放弃,期待着能站得更高一点,却慢慢失去了夫妻最本真最自然的专心关爱和享受。每天都在演绎着这样那样的情感纠纷,抛弃与背叛,茫然和寂寞。

反倒不如没选择,断了一切念头,反而会激发全心全意的爱。

爱满则溢，
留些余地爱自己

我年轻的时候，恋爱时喜欢一个人全力以赴，全然不要回报，自己有十块钱，能给对方花九块，自己留一块吃馒头。结果我总是生活在付出的狂热中，好容易赚点钱都花在恋爱上了。

后来闺蜜对我说："如果一个男人，他多金帅气，完美无缺，但是他只享受你的好，从不付出，纵然有许多光环，又与你有什么关系呢？"

她是塞尔维亚一个农民的女儿，欧洲第一个学习数学的女大学生，从小聪明好学，有很高的数学天分。高中毕业后，父母将她送到瑞士的一所女子学校深造。那个时候女学生实在是太少了，根本不能参加考试,她只好转学到了苏黎世。

在苏黎世,她报名学医,后来又改学物理学和数学。他当时也在苏黎世上学,两个人是同班同学,都有很高的数学天赋。他们一起学习,一起研究数学,一起吃饭,一起散步。怀揣着美好的梦想——成为一流的青年科学家!

青春正好,又志趣相投,他们很快就相爱了,成了一对形影不离的恋人。他是那么爱她,一天一封信,对她倾诉着自己的爱和承诺。他在写给她的信中说:"如果要把相对论运动课题做成功,只有你能帮我。我是多么的幸福和自豪。"

热烈的爱情占有了生命中绝大部分的时间和精力,两人只顾享受花前月下,慢慢荒疏了学习。1900年,他的考试成绩仅仅是中等,她未能通过考试。正当她准备参加补考时,一件意外的事发生了——她怀孕了。未婚先孕,在当时社会是违背道德的大事情。如果生下孩子,也就意味着一位青年数学家的一切梦想和前途都成了空中楼阁。

为了爱情,她毅然放弃了学业,回到父母家,为他生下了第一个孩子。可惜的是,这个女儿一生下来,就有些精神障碍。她一个未婚女性,独自带着个有病的孩子生活在乡下,艰难可想而知。后来,这个孩子夭折了,她克制着失去女儿的悲痛,收拾行装打算去找他。尽管,他从来没有见过这个女儿。

孩子死后,她的家人开始强烈反对她和他交往,理由是这是个不负责任的男人。陷进感情漩涡的她完全失去了理智,不顾家人反对,来到了他的身边。1903年,他们正式结为夫妻。

结婚后,为了支持他的数学研究事业,她放弃了自己的事业和研究,成了他的贤内助。白天,她操劳家务,洗衣做饭;晚上,给他查找资料,帮助他分析解不开的难题。一灯如豆,映出两个相依相偎的身影,在斑驳的土墙上纠缠,满心的美好甜蜜。失去了女儿,她把全部的心思都放在了他身上。一年后,他们的儿子出生。为了赚钱维持生活,她开了一所大学生家庭旅馆,等待她的更是无尽的操劳。然而,女人的心,无非如此,只要有爱,就是满的。

很快,在她的帮助下,他得到了专利局的工作,成了三级专家。他对朋友和亲人说:"我需要我的妻子,她能为我解开数学上的难题!"在她无微不至的照顾下,他得以安心研究数学,一年时间里就发表了五篇引起自然科学革命的论文,一跃成为科学巨星,命运发生了巨大的转折。

面对他取得的成绩,她骄傲地告诉朋友:"我们完成了一项重要的工作,它能让我的丈夫一举成名。"

她以为可以开始享受美好的爱情和生活了,可是他却开始和不同的女人传出了桃色新闻。她悲痛欲绝,在孤独中独自承受着爱情的无常和他的绝情。

1916年,他跟表姐相爱,给她写信要求离婚,声称找到了真正的爱情。这对于已经陷入经济困顿中的她来说,无异于一个晴天霹雳,她亲手将他送上了云霄,而今他要自己飞了。

女人的决绝让她下定了决心不放他走。对于她的行为,他大为恼火。以书面形式通知她:"如果要保持婚姻,必须满足以下条件:一、你应当保证我的衣物和被褥整洁,保证我的一日三餐,保证我的工作间整洁,特别要提醒的是,我的办公桌别人不得使用。二、放弃我们之间的一切关系,除非出席社交活动,特别不要让我在家里跟你坐在一起,跟你一道外出或旅行。三、别希望我对你好,不发火,如果需要,必须立即终止与我的谈话,只要我要求,必须无条件地离开卧室或工作间。四、你有义务在孩子面前不得以语言或动作蔑视我。"

为了留住他,她别无选择,答应了这屈辱的条件,将爱情的心,低到了尘埃里。几个月之后,无助的她还是带着两个儿子返回了瑞士,而他则留在了柏林。

三年后,两个人正式离婚。

第一次世界大战期间,她一直带着孩子们生活在苏黎世,他们相识相爱的地方。无数个凄苦的夜晚,她伴着影子度过,再没有希望,再没有完美。心,随着他的离去,成了一个巨大的空洞,再多的岁月,也无法填满。从此后,一切人世间的幸福皆离她而去。为了给小儿子治病,她花光了全部积蓄,后来只能靠教钢琴维持生计。20世纪30年代,她的大儿子携妻子和孩子去了美国。她一直留在瑞士照顾自己生病的儿子,几乎过着隐居的生活。1948年,这位坚强的女性在苏黎世的一家医院与世长辞。

而他却在柏林娶了第二任妻子。

她是米列娃,爱因斯坦的第一任妻子。而她所说的他们共同完成的重大工作,就是著名的《相对论》。

自从和爱因斯坦离婚后,为了配合巨星这种近乎完美的魅力,人们一直试图忘记这个女人。在爱因斯坦的传记中,作家们一直将她说成是一个让爱因斯坦过着地狱般生活的女人。爱因斯坦本人也从不说起这段经历,她所有的一切都被巨人科学家的光环给抹杀掉了。她成了他背后的一片阴影,再不曾出现在阳光下。

对爱的人好,是态度,是爱情,是人性,但是也要理智、自爱,要留一些余地,爱自己。

第三章
爱情不需要等待,陪伴是最长情的告白

遇见对的那个人,
每个女人都是好女人

表哥说要分手的时候,全家人都惊呆了。我们都见过他的女朋友,名牌大学毕业,端庄秀气,落落大方。来过家里几次,所有人都赞不绝口,没有一个人不喜欢她。这样好的女朋友,为什么分手?

表哥说:"我承认她好,可是也许正是因为她太完美了,反而让我失去了兴趣。我和她生活像是和一个老师在一起。"

这是什么逻辑?难道有人不喜欢追求完美吗?要知道,那是每个女子都向往的境界呀!真是矫情!这么好的女孩子在当今社会,属于打着灯笼都难找的"稀有生物"。于是一家人轮番对表哥威逼利诱,劝他回心转意。

我也明白了,不是这个女孩不够好,是表哥的问题。他喜欢那种妖媚的女人,世俗意义上的好女人对于他来说,完全没魅力。

所以,一个人真正的幸福是你有没有找到对的人。一句话:找到对的人,你就是好女人,否则,相反。

薛宝钗就是个完美的女子,貌美,且才华了得,玲珑八面,顾全大局,又心地善良。淡极始知花更艳,是个奇女子。

她孝顺懂事,自己过生日的时候会迎合老太君的意思,专门点热闹的戏文,软烂的菜,只不过向厨房要一盘油盐炒的枸杞芽儿;她不在乎黛玉对自己的敌意和处处防范,照样关心她,解她的心结;遭到宝玉的冷落,她将一切都压在心里,做出波澜不惊的样子,以免大家尴尬;金钏死后,她马上拿出自己新做的衣裳……所以,她一进贾家的门,就赢得了阖府上下的喜欢,将黛玉给比了下去。

和她在一起,心灵永远是舒展的、舒服的,宝玉却不喜欢她,哪怕为了家族利益,无奈迎娶,最后还是出家了。红罗软帐佳人独守,金玉姻缘不过凄凉。

如果说宝钗是横插在黛玉和宝玉之间才得此结果,是命定的话,那么另一个完美的女子,就赢得了太多的同情和赞誉,她就是徐志摩的结发妻子——张幼仪。

张幼仪出身巨富之家,容貌俊秀,品行端正。嫁到徐家后,她凭着贤惠淑德,很快赢得了一家人的喜爱和尊敬。可是,徐志摩不喜欢她。张幼仪怀孕两个月,徐志摩就提出离婚。张幼仪没有哭天抹泪,而是毅然签字,华丽转身。她是个被礼教熏陶压抑的女子,认定徐志摩是终生。他虽然背弃,她却不能,于是她继续尽着为人媳的责任,侍奉徐志摩双亲至终。

徐志摩曾经给朋友写信赞叹张幼仪是个有胆量、有志气的女子,她什么都不怕……是的,他是很敬她的,就像贾宝玉对宝钗,敬而不爱。

年岁渐长,才渐渐明白,世上根本没有关于完美的定义,你遇到对的人,就是完美的,否则你再优秀,对方也看不见。

陆小曼不完美,任性虚荣爱花钱,可是偏偏徐志摩最爱她。

宝钗管理大观园,头头是道;张幼仪遭到抛弃没有萎靡,而是奋起充实自己,最终成功赢得世人尊敬。她们都是世俗意义上的完美女人,可是她们却没有获得幸福。

在杂志上看到一个小小说,也写了这样一个故事:遇见他的时候,她二十五岁,有短暂婚史,本该飞扬的青春却已经有了千疮百孔的伤。前夫的眼中,她是个毫无风情的女人而且乏味。结婚两年的她便成了弃妇,于是拒绝再爱。她认定自己是个没人喜欢的无趣的女人,自卑的像尘埃里的草。

他是经同事介绍的,本不愿去,但拗不过同事的热情,还是去了。他是医生,没有婚姻史,长相一般,却干干净净。他站起来给她倒茶的一瞬,她枯萎的心忽然动了一下,很温暖,但她生生地将那一份心动压到了心底。

他对她是喜欢的,经常骑摩托车去接她下班。她坐在后面,开始很拘谨,他就把车开得飞快,这样她就不得不将双手紧紧地搂在他的腰间。没事的时候他就细细的斟了茶来,絮絮地说,之前的女友出了国,说他盼望有一个温馨的家……她大都是静静地听,不敢张口,因为前夫说她是个不会说话的女人。她怕她一张口,就吓跑了他。

她知道自己是快乐的,和他在一起。

那天,他送她玫瑰,她接过花来细细地嗅,却发现那朵最大的花蕊里居然藏着一枚闪闪的钻戒。他顺势求婚,她惊疑地问:"你真的愿意娶我?"他笑着搂过她:"为什么不愿意,你难道不知道自己有多好吗?"

后来,他们顺理成章在一起了。她发现他真的喜欢她安静地坐在那里读书的样子,喜欢她做的饭菜,喜欢她的勤快……喜欢她的含蓄的表达方式。他对她体贴入微,每天早上都会准备一杯温水放在她的床头。他说她脸色不好,要排毒。感动之余,她的顾虑完全消失了,他们的生活快乐且丰富。

日子平静地过下去,有一天她忍不住问:"当初你是真的喜欢我吗?你喜欢我什么呢?"他说:"怎么会不喜欢你,你善良,会认真地倾听,安静读书的样子性感又美丽,你从来都是温柔地说话,还会做好吃的饭菜,这么温柔可爱的女人我到哪里找!"

她愣住了。曾几何时,这些都是前夫挑剔的,也是她自卑的开始。没想到换了一个人,却是这样的评价。

她是美好的,她知道了,从此生活更精致。他是幸福的,因为懂得欣赏,收获更多。

遇见对的那个人,每个女人都是好女人。同是一粒沙,落到蚌的怀里,终会磨炼出珍珠来。若是不小心爬到蜗牛的壳里去,再磨到血肉模糊,也逃不出一粒沙的命运。嫁对了人就是:你的心在他那里,才最珍贵!

第三章
爱情不需要等待，陪伴是最长情的告白

后来我终于明白，
得允许爱情有附加条件

分手的时候，常常有人这样羞辱女人：你就是爱上了别人的钱，或者你就是觉得我没钱才会跟我分手。我遇到过一个男人，又穷又懒，还不允许你去赚钱，想拉着你一起又穷又懒，大家互相陪伴着得过且过。我自然要分手，此人恼羞成怒，跑去对我所有的熟人说，我嫌他穷，不要他了。

嫌贫爱富，这样的话一出口，女人往往就百口莫辩，羞愧难当，好像自己真的是一个嫌贫爱富的人。但是当一个男人仅仅是爱上一个女人的美貌时，却很少会受到这样的羞辱。这里面固然有一些根深蒂固的男权思想在作祟，更多的还是人类把爱情想象得太纯洁了,爱情最好像天山上的雪,天池里的水,纯净没有杂质。

于是大家都说,爱一个人要纯粹,可是什么是纯粹呢?

他们是在一个派对上遇到的,她是他喜欢的那种女孩子。然后他就开始追她,他们很快就相爱了。他回家的时候,几乎都会看到她安安静静地坐在阳台上看书,阳光打在她的发梢上,跳跃着美满。砂锅里必然炖了汤,热气氤氲四散,暖暖的笃定。

他的事业已经算有所成,而她却工作普通,赚钱不多。这是他的心结,所以迟迟没有求婚。后来,她明白了他的担心,很是受伤,火速嫁给一个一直对她好的普通公司职员了。他想每个人希冀的爱情,都是最接近灵魂本真的,难道不是吗?

谁能知道,她是为了他这个人,还是为了他的钱?

分手后,他到底是有一些失落,却没有太多自责。

几年时间一晃就过去了。事业有成的他有被好生活滋养出来的男人魅力,也还算年轻,三十岁的大好年华,一直缺少好的爱情,他期待出现一段纯粹的爱情。他断断续续也相处了几个,倒是经常想起她来,想起阳台上那一缕温暖的阳光,想起砂锅里氤氲的汤。

其实,兜兜转转这么多年,她才是他最需要最喜欢的那一类女人。

和一个女强人分手后,他开车去找她,费劲了力气才打听到她的住处。一个很老旧的小区,墙体都斑驳了,住在这里的多是老人,年轻人很少。他没敢去敲门,把车停在外面等,心里竟然是忐忑的。

傍晚的时候,她骑着一辆旧的电动自行车回家了。虽然脸上尽显疲累和憔悴,那种安静的气质还没有变。他邀请她出去坐一下,她犹豫了一会儿,匆匆进楼里换了一件裙子出来。

他暗笑,看来她并没有忘记他,偷偷将十几万买来的求婚戒指

第三章
爱情不需要等待，陪伴是最长情的告白

攥在手里。

咖啡馆里，光线幽暗，映衬着她的脸，时光好像又回到了多年前那些个午后，温暖踏实。

他说这么多年一直在想她，并且自己一直没有成家，希望她能给他一次机会。她很诧异："我已经结婚了，难道你不知道吗？"

他说："我是爱你的，真的，这么多年了……"

他将钻戒和玫瑰送给她，硕大的戒指，光彩熠熠，价值不菲。盒子里有一张卡片，写了一句话："其实，早就应该送给你了，希望你给我一个机会！"

她不动声色，将鲜花和戒指轻轻放在他的车座上，说了声"晚了"便转身走了。

他有些伤感："我果然错了，我早就应该知道你不是看重身外物的女人。"

她忽然站住，抬起眼睛，很凌厉地对他说："你错了，我不是不爱钱的女人。和你在一起，我不仅仅是喜欢你，还喜欢你带来的安逸舒适的生活。我从小命不好，单亲、没钱，受尽嘲笑，工作也没什么起色，但是我喜欢过安逸悠闲的生活。我没有钱，但是我有我的温柔和聪慧。我现在不要你的东西，也不是因为我不爱身外物，是因为我要负责任，我有家。"

她走得很快，夜风掀起她的裙子，清冷、荒寒，都是失落人生的况味。

他给她发短信说对不起，自己真的是很想和她再次在一起。她回了电话，语气很急，她说："我们都在拼命得到一些东西，男人要的是社会地位，是钱是权，女人要美貌要修养要魅力。当这些东西都达到了一定程度的时候，反而成了禁锢。偏偏自己纠结，他是不是爱我的容貌啊？她是不是看上了我的钱？累不累？难道有谁会通过本质，直接看上你的灵魂？你确保你的灵魂真的很好看，很纯洁？再说了，难道灵魂不是一个人的附加条件吗？

"爱情从来都不纯粹。唐明皇爱上的是杨玉环的国色天香，周幽王爱上的是美人一笑。为什么爱上别人的美貌就比爱上人家的物质来得更高尚一些呢？恐怕没人能给出答案。

"再说，你会去爱一个女人美好的灵魂吗？小区那个捡垃圾的中年妇女，非常辛苦地养育着三个捡来的孩子，多么美好的心灵。你怎么不穿过表象去爱她美好的灵魂！"

她说完就挂了，带着质问还有微微的怨怒。是啊，当物质和灵魂相交，一定是物质低等吗？

他愣在原地，内心忽然清明无比。

因为有钱，总是怕人家喜欢的是他的钱，所以他错过了最合适的女人。就像有的女人，总是害怕男人喜欢的是你的美貌，找不到爱情一样。

金钱美貌学历家世，我们总是愿意凭借这些附加条件找到最好的爱情。找到之后，却又想对方无视并摒弃这些条件，爱上自己的灵魂！

谁的爱情里没有附加条件，谁能说你爱她的性格容貌就一定比她爱你的房子车子更高尚？大家不过都是想过上自己想要的生活而已。如果你的附加条件足够吸引一个好女人或好男人，那有什么不可以？

爱情的本质不过是交换，不必在某一方面同等，却一定是各取所需。太把你自己拥有的东西当回事，天天幻想空手套白狼，只能是花开花败，独自凋零。

他到底是明白了,但是她不会再回来了。

这世上本没有纯粹的人,每一个看似个体的人,都是由各种附加条件组合而成的,比如你学历高、智商高,加分;长得好看、自律,加分;有钱,多半是付出了辛劳和精力换来的,自然加分……这林林总总的附加条件整合起来,才是一个具体的人。话又说回来,我们每个人,都在拼命给自己加持一层又一层优质的附加条件。为什么?一是更好的生活,获得更舒适的人生体验;二是取得跟我们同步的优质伴侣,享受美好生活。

谁说爱情不能有附加条件?

我们最该懂得,没有附加条件爱一个人的情况根本就没有,是该给自己附加更多的条件,从而去吸引更优秀的人。

很久以后我才明白，
懂得妥协才是真爱

我认识的两个人，有一次很奇葩的吵架经历，从而导致了离婚。原因是老公一生气，将手里沾满了果酱的面包扔出去，掉在了纯白的羊绒地毯上。妻子抓狂了，在用力清理了地毯却再也弄不干净之后，她崩溃了。于是，两人大吵一架，谁也不认输，没几天就离婚了。

另有一对，因为早上起来抢马桶，翻了脸。他们的房子是普通的二居室，只有一个马桶。两人早上都爱睡懒觉，起来的时候要快速洗漱才不会迟到。于是，谁先起一分钟谁就占据卫生间，导致另一个在迟到的边缘徘徊。总是晚起一分钟的那个急了，踹了卫生间的门……还能怎么样？这日子没法过了，离婚去。

本来还算不错的两人，就因为这些鸡毛蒜皮的小事儿离了。

当时并没有觉得怎么样，婚姻如果没有爱情做基础，还要来做什么？而爱情，当然是他要宠着我一些，忍让我一些，不然什么是爱情？

年轻的时候，总是觉得爱情神圣又任性，我们在其中任意消耗着对方的容忍。

我第一次谈恋爱的时候，他跟我是同行，我们志同道合，很能聊到一起去，他也很将就我，说去哪里玩儿马上拎包就去。有一次天阴着，我突然想去爬香山，当时已经是中午了，我们倒了几趟地铁到了香山。天已经很阴沉了，我们爬到半山腰的时候下起了雨，在山上躲完雨，天已经完全黑了。没有爬成香山，还淋了一场雨，到家的时候已经半夜，筋疲力尽。

这样折腾为啥呢？为爱情啊，觉得爱情就是这样子的，应该充满了激情冒险和任性。

后来分手，也是因为任性。他说在他心里，排序第一位的是他爸，然后才是我。我当场翻脸，觉得自己被轻看了。尽管很痛苦，还是坚决选择分手。

结婚之后，我也还延续着这种任性的本性，每个节日都要求有仪式，一束鲜花是底线。我自己制订的规则我肯定忘不了，但是他经常忘记。有一年生日，我百般提醒他还是忘记了。我忍耐到晚上，这个人还是若无其事，打算爬上床睡觉。我怒从心头起，一把抱起他的被子，直接扔出去。

他蒙了一夜，最终想明白了，第二天早上就赶紧补买鲜花。

过日子，本来就已经很辛苦了，还要人为地制造一些障碍出来,想想都够幼稚的。可人生不就是这样吗？在无数的经历中沉淀出你需要的、有用的经验,淡化错误的经验,精简正确的留下来。

什么是正确的呢？就是让自己,也让对方舒服、自如的做法,最重要的是妥协,针尖对麦芒是不能过日子的。

比如我认识的那对因为果酱洒在地毯上而离婚的朋友,我们都生活在一个城市,还有些联系。他们俩也曾经很相爱,离婚之后,房子卖了,一人分了一半钱,各自又去寻找真爱去了。这些年,眼看着男人又结了两次婚,又离了两次婚。本来还有一套房子,折腾到最后,房子没了,积蓄也没了,差点把工作也弄丢了。女的倒没有那么折腾,只是又谈了一次,也飞快分手,说再也不谈恋爱了,买个小房子就自己过日子。大房子换成小房子,虽然生活质量下降,倒是还比男人好一些,有个落脚的地方。

总体来说,他们俩每况愈下,不如从前。如果当初不闹成那样,不离婚呢？只是重新买一块地毯的问题,怎么会闹到离婚,将人生生生拐了一个弯呢？

我喜欢一个明星十来年了,他不是大红大紫的那种,但是演技很好,有书卷气,他叫张铎。这几天看了很多报道,才知道原来他有一段幸福美满的婚姻,有一个深爱的,比他大八岁的妻子,之前在香港很红的影视明星陈松伶。只是,这些年陈松伶经历了一些不好的事,遭遇家人压榨,患了抑郁症,张铎一直陪着她慢慢休养,不离不弃。陈松伶因为生病不能生育,他也不在乎,将她宠成了公主。我这些年一直关注张铎的微博,他的微博,十条有八条都是有关妻子陈松伶的内容。

不能生育,是大多数男人都不能接受的,可是张铎不但坦然面对,还深情如许。那些年陈松伶抑郁症很严重,他让她在家里养病,后来在他的陪伴下,陈松伶的身体好些了,想复出。张铎说了句话特别感人,他说:"如果工作是你的乐趣,那么你就工作,如果你不想工作了就回家来,五斗米的事儿,我来。"

这份包容与深情,彻底治愈了命运坎坷的陈松伶。她休息了四五年之后再次走出家门,在爱的包围下,在婚姻的滋养下,自信满满,容光焕发。

想想,为了一块地毯离婚,为了抢马桶离婚,为了一束生日的鲜花争执……婚姻中忍耐与妥协,是多么重要。

原来,愿意为对方妥协的才是真爱。

婚姻何尝不是美味却有毒的河豚,包容妥协才是化解毒素的方法,否则只能让你失去品尝人间美味的机会,或者中毒。

珍惜，比深情更可贵

我妹妹有个同学，从小就失去母亲，爸爸把她养大。一个大男人，很粗心，又要辛苦赚钱，所以很少关心她。她长大结婚，一直渴望家庭温暖，渴望陪伴。

然而，结婚后她却固执地开始延续原生家庭的生活模式。她觉得男人就该是在外面赚钱，不能守在家里过日子。她要男人出去打工，男人开始不愿意，她就逼着他去，不然就离婚。这样一来，结婚好几年，他们却聚少离多，真正在一起的日子也就是过年那几天。

后来她丈夫在外面出了事，被电死了。她几乎疯了，一直哭，好几天不吃不喝。失去丈夫是一部分痛，而最痛的是她觉得她居然没有珍惜过。如果知道他们的婚姻只有这么短的时光,她会拼命珍惜,不逼他出门打工。

她给丈夫办了一个最风光的葬礼,几乎倾家荡产。所有人都觉得她深情,有情义,可谁知道,她心里有多后悔和遗憾。她想最后弥补一下,也只能是这样的方式了。

在丈夫走后,她说得最多的就是一些生活细节,他最后一次离家的时候,她正在忙,没有去送他;他想买一辆车,她说再等等,等孩子大一点儿……她以为日子还长着呢,一辈子哪里就到头了?许多遗憾,慢慢弥补就好了,谁能想到,突然一个惊雷砸下来,生活面目全非。

她这个例子有点极端,大部分的人不会经历这样惨痛的生离死别。可是谁能预知未来呢?如果想要避免这种遗憾,只有在平淡的日子里,学会珍惜,把每一个平常的日子都用全部的身心去过。

夫妻过日子,吃饭睡觉赚钱养家,那么多平淡无聊的日子都要在一起,很难做到珍惜。于是,或许有一天后悔难当,或许在没有波澜和激情的平淡中走向淡漠,直到感情像烟一样消散。

有一句话这样说:"怎样把日子过得有意思?那就是把每一天都当成最后一天来过。"

李清照和赵明诚结婚之后,就经历了一场巨大的政治运动。在这场斗争中,双方家庭或流放或身死,家族零落,赵明诚带着李清照回到青州过着清静日子。没有俸禄,仅靠积蓄为生。

赵明诚对李清照叹道:"以后无官做,无薪俸,我愿清苦,只是不忍你跟我粗茶淡饭,何况我们立志要收藏书画碑帖,这是一笔多大的开支啊!"

李清照对他说:"有钱的时候,奢华一些,没钱了,我们就一切从简。一日三餐可换成素菜,身上衣服换成布裙就好,至于我的金钗首饰,以后也不需要了,余下的还可以换成钱。"

有了这份洒脱和执着,青州十年,反而是夫妻最完美的十年,当然也是生活品质极度下降的十年。夫妻二人除衣食所需之外,所有的钱都用来收集金石字画,文物古董。

曾经的大家闺秀李清照与官宦世家赵明诚,他们缩减衣食,将花费降到最低,但是对于字画文物他们却十分舍得,愿为每一件宝贝尽全部心力。

夫妻互相理解,志趣相投。患难与共衍生出更深厚的感情,志趣相合沉淀出别样恩爱。

他们幽居在易安居的时候,每日里品茶赋诗,最喜欢做的一个游戏就是赌书。夫妻二人互相出题,说一段典故,由另一个人来猜此典或段落的出处。输了的喝一杯茶权作惩罚,风雅游戏二人乐此不疲。物质生活降到最低后,赌书泼茶,成了他们最大的生活乐趣。

或踏雪寻梅,或赌书罚茶,或填词作诗,或整理文物,形影不离,琴瑟和谐。有深爱的人在身边,生活的清苦不值一提。

在青州这十年,他们除了赌书罚茶过风雅生活,撰写《金石录》之外,还做了一件大事。

二人在青州建归来堂藏书楼,归来堂,取去官归田之意。归来堂藏书楼规模宏伟,堂内并排书库大橱,书册分门别类,秩序井然。他们每得一书,便收集在藏书楼内,藏书楼渐渐储藏了海量金石文物,成为当时北方最富有的藏书楼。后来藏书楼的存书超过二万册,金石刻超过二百方,每一册每一方,都凝聚着夫妻二人的心血。

高晓松曾说生活中不只有苟且,还有诗和远方。其实,真正的诗未必在远方,也可能在心中,在骨子里。

多年后,大清的贵族公子纳兰沉溺相思,爱人离去,读到李清照与赵明诚的这段婚姻生活,幽幽长叹:

> 谁念西风独自凉,萧萧黄叶闭疏窗,沉思往事立残阳。
> 被酒莫惊春睡重,赌书消得泼茶香,当时只道是寻常。

和爱的人在一起,做什么都是趣味,却又做什么都觉得平常。等有一天失去了爱人,这些平淡的往事,便携裹着真实的记忆,变得弥足珍贵,永不再来!

赌书消得泼茶香,当时只道是寻常。失去爱人后,同时失去的,还有那些琐碎却永不再来的过往,那些平淡却永生错过的相守!

爱的人在身边,读一段书是快乐,喝一盏茶也是快乐。这些平凡的幸福,却往往不被珍惜。非要等有一天失去了,才晓得纵倾尽所有的眼泪,也再换不来一盏茶的幸福。

最好的婚姻和爱情，
是绵长而平淡的四季相守

老舍在《离婚》中说："生活也许就是这样，多一分经验便少一分幻想，以实际的愉快平衡现实的痛苦。"

我认识一个小姑娘，很温柔文静，也很有才华，寻寻觅觅终于寻到意中人的时候已经是二十八岁了。没想到在准备婚礼的过程中，本来好好的两个人一次次谈崩，一次次冷战，婚礼也就无限期拖了下来。

也没有特别的事，姑娘想要一套一线城市的房子。

男生家准备的婚房在家乡小城，卖了也不够一线城市房子的

第三章
爱情不需要等待，陪伴是最长情的告白

首付，就算是姑娘家出一部分，男方家也没有这个财力。可是姑娘说，她不要钻戒，不要排场的婚礼，甚至可以和公婆同住。结婚总不能委屈了自己，他们那么相爱，怎么体现他爱她呢？最起码要有一件超乎财力的物件摆在那儿，才算是证物。她会是很好的媳妇，在别的地方不会再有要求。

姑娘似乎说得在理，结婚想要一套房子怎么了？问题是，买不起。

男方的态度很坚决，买不起，总不能去借高利贷。对于没有办法实现的事，直接拒绝，也是一种解决办法。只是苦了小姑娘，难过极了，觉得自己没有遇到真爱。如果真爱，借钱买个房子怎么了？婚后她也是要一起还债的，而且她们家也是要出一部分房款的。

总有人觉得，贵才是真爱，才有排场，却独独忘了"量力而行"，因为一个"贵"字，将幸福的路堵死了。

张幼仪出嫁的时候，嫁妆排了很远，可是她一天幸福婚姻生活都没有享受过。徐志摩从来就没有喜欢过她，后来林徽因出现，更是将她当成空气，不闻不问。逼她离婚后，将她一个人扔在国外，导致小儿子夭折。

钻石、嫁妆、大房子，名贵的一切，都无法媲美一段真正契合的感情。

紫霞仙子说："我爱的人是个盖世英雄，总有一天，他会驾着五彩祥云来娶我。"

紫霞是仙子，她不需要俗世那些金银珠宝房子车子，但是，五彩祥云是她以为的贵重。

紫霞仙子终于等到那个盖世英雄的时候，也是两个人永诀的时刻。

信物、彩礼，一切关乎爱情婚姻的贵重礼物都曾经是一个承诺，却演变成了虚荣的承载物。在远古时代，两个人或者两个家族定了亲或者两情相悦，以信物为证，那时候的信物，真的只是信物。

《诗经》最大的特征是多四字句，《木瓜》却摒弃了这一模式，变成了五字句式，是讲男女互换信物的诗：投我以木瓜，报之以琼琚。匪报也，永以为好也！

你送我木瓜，我还你美玉，不是说要回报你，而是想要跟你一生一世在一起。信物交换，情定心安，从此后，我们的生命紧紧相连，你中有我，我中有你，没有力量可以离分！

谁背叛了这誓言，是要经道德不齿，社会唾骂的。所以，古代男女的山盟海誓，定情信物，都是很有约束力的，不能随性而为。哪怕是私下定情，也有舆论监督，道德约束，甚至具备法律效果。一方当事人负心背叛，另一方可以拿着信物去大堂上起诉，悔婚的罪还是不小的。

一个木瓜，一枚玉佩，便是誓言了。

如今信物已经不是纯粹的订婚之物了，而变成了现实的、贵重之物。女孩子送心上人瓜果会被耻笑，小伙子也不敢随意将身上的旧东西解下来就送给姑娘，会被视为不重视人家。

很多地方，女方送爱情信物也就是意思意思，男方想讨老婆的话就要付出点血本，最起码，房子和钻戒不能少。

1477年，奥地利的马克西米连一世在与法国勃艮第的玛丽公主定亲前，送了其一枚特别订制的钻戒作为定情信物，并特别去信要求公主在订婚之日戴上镶有钻石的指环。有文字记载的历史上，第一枚结婚钻石戒指就此戴在了玛丽公主的手指上，钻石戒指从此成为情侣们忠贞爱情和婚姻的至高信物。渐渐，钻石风吹到东方，于是我们都摒弃了古老的定情信物，转而开始追求钻石。

从此，爱情信物开始跟价格连在一起。钻石经销商们疯狂鼓吹，只有昂贵的钻石可以代表爱情，钻石越大，爱得越深。说什么钻石恒久远，买不起也就爱不起，可是那么多买了钻石的情侣却依然天涯陌路。钻石戴上了，情却不能比之更坚。

多少人手上闪耀着钻石的光芒，钻石却算不得爱情信物。爱情信物是一种预定和锁定，交换了，就再不悔改。买钻石的和要钻石的，谁敢这么说？

当爱情真正变成了等价交换，人们便缺少了爱情的信物和对幸福的笃定。其实真正的爱情信物就是一颗心，心给了你，就什么都是信物。一起喝水的杯子，一个刚摘的木瓜，路边采的一把野花……你解下腰间的玉佩回赠，心里并没有想着这玉佩价值几何。

爱情信物，有深情做底，和价值无关。

在婚恋上，投桃报李这样的等值交换，总会显得刻意十足，反不及《木瓜》中这对年轻人。情到深处，给你我所拥有的最好的东西罢了。两颗心交融，木瓜和美玉的价值是平等的。

等他们老了，岁月叠加了皱纹，风霜吹白了发，回忆这一刻，必然满心欢喜，口齿香甜。

相比这对自然纯粹的情侣，我们拥有很多，却似乎都缺少一份爱情的信物。

钱锺书在《写在人生边上》中写了一句话："洗一个澡，看一朵花，吃一顿饭，假使你觉得快活，并非全因为澡洗得干净，花开得好,或者菜合你口味,主要因为你心上没有挂碍。"

最好的婚姻和爱情,平实质朴,没有矫饰,心无挂碍。

这世上的爱情,彩云易散琉璃脆,过于绚烂也过于脆弱,真正有力量的人生,是绵长而平淡的四季相守,是一生,两人,三餐,四季。守一院花开,养一只猫、一条狗,有一个孩子,一个小房子。

第三章
爱情不需要等待,陪伴是最长情的告白

爱情绝不是刺激,
　而是一份希望

很多人都有困惑,想知道自己的感情到底好不好。

怎么检验你的爱情是好的还是不好的?卡夫卡说:"什么是爱?这其实很简单。凡是提高、充实、丰富我们生活的东西就是爱。通向一切高度和深度的东西就是爱。"

几年前我做记者的时候,采访过这样一个故事。

女孩子大二那年春节回家参加高中同学聚会,一群人闹到很晚才回家。到她家要经过一条巷子,巷子有点黑,又很偏僻,下车后,女孩就遇到蟊贼抢包,她拉着包吓得魂都飞了。这时,后面赶来一个人,飞起一脚将蟊贼踢到一旁,顺手又捡起一块砖头砸过去……

凌乱中,他喊了一声女孩的名字:"媛媛别怕,我是莫小刚。"

蟊贼没有得逞,女孩惊魂未定,报警后去派出所做笔录。回来之后,救了她的男孩就说喜欢她。他是晚上聚会中的一位同学,之所以在关键时刻救了她,是因为男孩子之前就喜欢她,只是没有说。现在见她比小时候更温柔可爱,又重燃爱火,可是他依旧不敢说。想送她又不好意思说出口,就一直偷偷跟在她后面,想知道她住在哪里。结果遇到了抢包的小贼,也算是歪打正着。从派出所回来的时候,女孩子就对他产生了好感。

女孩说那天晚上回家后,回忆了当晚聚会中他大口喝酒、大声唱歌的样子,高大帅气的他正是女孩子们喜欢的那一类男生。于是,那一晚之后,女孩对眼前这个上学期间成绩差,总是打架逃学,现在在一家物流公司上班的男生莫小刚,产生了好感。

后来,他约她到郊外滑雪、去野公园骑马、在无人的校园大操场弹吉他放烟花,她都没有拒绝,快乐应约。

过了一段时间,男孩给她买了九百九十九朵玫瑰。当他用车子拉到她家楼下,面对那铺天盖地的玫瑰花海时,女孩感动于这种浪漫,没有拒绝。他们正式恋爱了,有他在每天的生活都充满了激情。激情在某种状态下,其实就是快乐。

他们相爱自然遭遇到最激烈的阻挠,女孩的爸爸整个寒假将她锁在房间里,女孩的父母不允许优秀漂亮的女儿跟一个这样的男孩在一起。

女孩说:"我看过一篇文章说,一个优秀的女孩爱上了一个小混混,混混从此不打架了,宠着她,赚钱养家。当别人问起的时候,小混混说:'她为我赌上了一生,我不能让她输。'"

第三章
爱情不需要等待,陪伴是最长情的告白

好感人,她说她其实也期待这样的爱情,期待自己像个英雄一样改变莫小刚的一生。

我其实想说,女孩子总是容易母性爆发,高估自己,以为自己能拯救、扭转一个人的一生。

假期结束,女孩回到学校,没想到莫小刚却辞了工作追了过去。他憔悴了,又喝了酒,女孩看到他被爱情折磨,心疼极了。

然后莫小刚抱着她,可怜兮兮地说:"媛媛我们私奔吧,要不然我就要失去你了,我要给你一辈子幸福。"

涉世不深的女孩听到这样的话心都碎了,但是退学私奔毕竟是一件大事,她思考了很多天。后来在男孩的苦苦哀求下,终于动了心。她想人的一辈子能有多长呢,如果不能跟心爱的人在一起,上大学又有什么用。

为了和他在一起,她偷偷退学偷了户口本领了结婚证,怕父母责怪去了外地,算是私奔了。

男孩一开始也打算好好过日子,重新找了个工作。只是他脾气不好,很快又跟老板打架了,又一次逃到下一个地方。在逃难一样的转移中,女孩对自己说:"莫小刚爱我,他一定会改变的,我为他牺牲了那么多,他一定会让我幸福的。"

果然,寒冷的冬天,莫小刚带回了一件漂亮的貂皮大衣,他说这件衣服是很辛苦赚来的,是打了一个月工的工钱买的。她穿着温暖的貂皮大衣,心里暖烘烘的。一个男人虽然没有本事,但是他尽力给你最好的,真的很让人感动了。

只是后来警察来了,原来大衣是偷的!

为了不坐牢,他的家人真的寄钱赔了大衣,和失主达成和解。

男人只在看守所待了短短一段时间就回来了,但是家人再也不想管他,和他明确断绝了关系。这次他们已经走投无路。

没有家人、没有钱、没有工作、没有前途,生活似乎走到了绝路,女孩只好出去找工作。因为没有完成学业,没有毕业证,只能去做服务员、收银员。男人也没有一技之长,且每份工作似乎都以跟人打架结束。两个人的路越走越窄,犹如一脚踏进了黑暗里,看不到尽头。

后来他们坐吃山空,身上的钱快花完了,房租也要到期了,愁眉苦脸了几天之后,两个人一点办法都没有。一天,男的抽完了最后一根烟,用他一贯迷人的痞痞的语气拉着女孩的手说:"咱们去殉情吧,活着真没意思,但是我真的很爱你,我想一生一世跟你在一起。我们可以选择跳楼,什么都行,死了我们也在一起,还不用这么辛苦。"

女孩心里一惊,隐隐的不安像阴霾一样扩大。褪去爱情的虚假光环,他自始至终都是那个学生时期的小混混,不学无术,没有责任感。在这一刻,她重新审视自己的人生和爱情,终于惊醒了,她甩开了他,指责他将她的生活全毁了,指责他承诺要带给她幸福全都是骗人的。他无法反驳恼羞成怒,打了她一拳。

女孩终于彻底醒悟,什么私奔的爱情,什么改变别人的一生,完全都是不可能的。再这样下去,她不但改变不了别人,也会把自己的性命搭上了。想明白之后,女孩找机会逃回了家,求助于父母。

回到家才发现,因为退学私奔,妈妈气的心脏病发。为了照顾妈妈也为了抚慰自己,爸爸提前退休,二老一直在不停寻找她,看起来父母苍老了十岁。她惊痛愧疚不已,自己不但没有改变莫小刚,还将一家人都拉向了深渊。

女孩有父母做后盾,打算离婚重新开始生活时,传来了男人和人打架把人致残的消息。在看守所,那个口口声声要给她爱情的男人说:"都是因为跟你吵架,你要离婚,我心情不好才出去喝酒打架的。"

她听到这些话,突然彻底醒悟。

她的故事很惨,但是也不是个例。什么是爱情,很多涉世未深的姑娘会觉得他为我出生入死就是爱情,可是生活原本是平淡的,最重要的是平安,哪有那么多出生入死。太平盛世,真的需要出生入死的时候,证明你的选择已经出了严重的问题。

还好,她醒悟了。人生虽然受到重创,但有父母支持,也不是不能重新开始。

最后她说:"爱情是什么,是一份希望,绝不是刺激。"

走进婚姻,不但要有爱情,还要有匹配的智商。抱着改变对方的目的走进婚姻,一开始就是大错特错的,是对婚姻的亵渎。

她明白了,虽然有点晚,好在还年轻,还有机会重新开始。

她曾经以为,他那么深情,付出那么多,这还不是爱吗?现在才明白,这都不是爱,是他不懂为自己的人生负责,对自己都不负责的人,又如何去爱别人,如何对爱人负责?

真爱的两个人在一起是向上的,像阳光,像向日葵,而不是一起沉沦,沉沦到人生的最底层。

如果有人拖着你向下走,看起来也是深情无限,但那肯定是畸爱。

有人会问,怎么区分爱情和畸爱?

很简单,凡是伤害你的爱情,都是不好的;凡是一直沉沦的生活,都是错误的,需要尽早抽身。

巨婴根本没有能力独立生活，所以最好远离

20世纪80年代由于计划生育的关系，很多孩子都是独生子女。现在他们长大了，因为受到太多宠爱和关注，出现了很多"巨婴"。

这些巨婴，身体发育完全没问题了，心理却还停留在少年时代。顾名思义，就是曾经站在同一起跑线上，在别人成长的过程中，他们的心理年龄却停留在某一阶段。心态和年龄有着惊人的不一致，就像一树果子，大部分都红透了、成熟了，被采摘收藏，有了自己的位置和利用价值，只剩下那么一两枚，还保持着青涩的状态，羞答答不愿意沾染阳光雨露。

表面上看过去,是看不出区别的,但是遇到了,就会很麻烦。

微博上有人咨询,说新交的男朋友什么都好,就是有一点喜欢依赖人。她走到哪里,都要接受他短信"骚扰",例如:"宝贝,半天不见,我想死你了""你现在在哪里,发个视频先……"有时候,她在办公室里多加一会儿班,他的电话就会不断"袭击",内容如"今天晚上吃什么呀?宝贝几点回家?"最后被办公室同事集体嘲笑……

我想起还有一个女友也遭遇了这样的男人,他没有随时追踪女友踪迹,却非要将女友的手机铃声设置成自己的语音。女友拗不过,就任凭他去设置。

第二天,女友在公交车里闭目养神的时候,一个沙哑的男声忽然大叫:"老婆老婆接电话,不接我就亲亲你,咯吱你,钻进被窝收拾你……"满车厢立刻鸦雀无声,然后爆发出笑声。她羞愧得恨不得找个地缝钻进去,怎么也没想到男友居然这么幼稚,让她这么丢脸。

如果说男朋友这样还有情可原,毕竟只是谈恋爱,大家互相陪伴,玩玩闹闹也可以很甜蜜。恋爱的结果是结婚,总是要走进婚姻的。我们都知道婚姻意味着独立和承担,尤其是男人,在婚姻中的担当直接影响着婚姻的幸福度。

这些巨婴男进入婚姻后,依然故我,对方就得承担母亲和家长的职责,太累了。

女人也一样,也有巨婴女。

我身边一个相熟的女人在婚恋中一次次失败,她的哭诉永远少不了一条,就是觉得对方不够照顾她。她要求丈夫必须体贴和细心,每天早上亲吻,下班拥抱,如果她走累了可以背着她,家务全包,睡前给她准备一杯热牛奶……林林总总,我听得目瞪口呆。心想对丈夫的这种要求,不正是婴儿期父母为我们做的事吗?现在长到这么大了,居然还在贪恋婴儿期。你可以是巨婴,不过这世上却没有那么多人愿意做你的"父母"。巨婴的情感婚姻生活都过得很坎坷,没人会无限包容这种幼稚的依赖行为。

感情也有成长的机会和过程,巨婴却拒绝成长和成熟,制造许多麻烦。他们身体发育完全了,心理却还没发育好。

谁谈恋爱结婚不是求个安定幸福?如果遇到这样的人,事事都要你烦心,你说这爱情婚姻能幸福吗。

等对方成熟吗?就算你有这个耐心,可是你有这个把握能等到那一天吗?

如果对方今天不成熟,明天不成熟,一直不成熟,生活岂不是就像吃一枚又酸又涩的果子,还要一直吃。

遇到巨婴,能逃就逃吧,巨婴一部分是逃避责任和承担,一部分是在成长的过程中被宠坏了,走不出舒适区。

爱情和婚姻,讲究的是互相承担,彼此依靠。爱情的最高境界是两厢愉悦,互相吸引。婚姻的最高境界是互相支撑,又彼此独立,而不是一方遮挡住另一方的风景,一方煞了风景。

面对巨婴,我们要说的就是:要么你快点成熟,要么你马上走开!

落入不幸婚姻的女人，
不要放弃救赎自己

常看到微博上有人在吐槽婚姻的各种不如意，最后也不过是把微博当树洞吐槽一下，还会回到既定的轨道去忍受生活。他们总会说：还能怎样呢？认命吧。

认命也可以，但是真的很难，自我救赎，才是对自己的交代。

《红楼梦》中香菱是在贾府败落之前就去世的，可却是前八十回最可怜，生活最凄惨的一个姑娘。

香菱本是甄士隐的小女儿，甄士隐老来得女十分宠爱。甄家虽然不是大富大贵，但是家有田产，有仆童，房子宽敞还有很漂亮的花园，可见他们家的生活是很好的。香菱出生在这样的人家，父母

第三章
爱情不需要等待,陪伴是最长情的告白

宠爱,日子过得很舒适。

香菱的好日子只有短短的三年,三岁那年的元宵节被拐子拐卖,从此,香菱落到了人贩子手里,再也没有见到家人。甄士隐夫妻丢了唯一的亲骨肉,悲痛欲绝,后来,甄士隐干脆出家。香菱的母亲只好回了娘家,靠娘家接济过日子。

甄家从此败落了。苦命的香菱在人贩子手里受尽折磨,挨打挨骂更是家常便饭。就这样在人贩子手里七八年,书里一句话概括了香菱这些年是怎么过来的:她是被打怕了。

好容易长到十几岁,出落成个美少女,人贩子将她卖给了一个乡绅公子冯渊。冯渊公子无父母兄弟,守着一些田产过日子。他长得清秀,和香菱年龄相仿,对她也认真,打算挑个好日子娶香菱过门,并不打算将她买回去当奴仆小妾。他是想跟香菱结成夫妻,从此好好过日子。

如果真的被卖给了冯渊,香菱的悲苦日子就到头了。没想到人贩子贪心,将她卖给冯渊,拿到钱之后又悄悄将她卖了一次,这次卖给了薛家。一个香菱,卖了两家,结果两家来争人。冯渊公子对香菱是真心的,想娶回家做老婆,自然不想放弃;薛家的薛蟠,本来就是纨绔子弟,自然不想吃这个亏,也不放手。在争抢过程中,薛蟠纠结了一群人,将冯渊活活打死了。

可怜香菱的好日子还没开始,就又陷入了另一种绝望中。薛家家大业大,又是贾府的亲戚,打死了人之后,只赔了一点银子,什么损失也没有。只是可怜了香菱,为冯渊哭了几场之后,也只能无奈地跟了薛家,做了丫头,跟在薛姨妈身边。

我们都知道,《红楼梦》中丫头的日子其实是过得很不错的。如果香菱就这样在薛家做个丫头也不错,可惜的是她长的太好看了。

薛家的大公子薛蟠是个好色之徒,见香菱长得这么好看,性格又温柔,就天天在母亲跟前撒娇哀求。薛姨妈禁不住他的软磨硬泡,将香菱给他做了妾。

大户人家的公子,娶妻要门当户对,但是在娶妻之前,往往会先娶两个小妾在身边。香菱很不幸,成了薛蟠第一个小妾,薛家简单张罗了一下,她就由丫鬟成了薛蟠的妾。

香菱的苦日子是递进状态的,在人贩子手里苦被卖掉更苦,如今嫁人了苦上加苦。

薛蟠又蠢又恶,新鲜劲儿过去之后,对香菱就不好了,动不动就打骂一顿。香菱不但要承受打骂,还要承受丈夫薛蟠的粗蠢,可见日子有多难过。

举目无亲,这么大的世界没有一个人可以解救她,也没有一个人真正心疼她。

在这看起来就很绝望的婚姻生活里,香菱真就像一根草一样,没有气馁和绝望,她一直在拼命寻求自我救赎之路——香菱开始学诗。

她在人贩子那里长大,没有机会和大观园里的小姐们一样有机会上学认字,她的童年少年都是在做苦力,但她仍向往读书作诗的人生。

可以没机会,但是不能失去梦想;可以落入不幸婚姻,但是不能放弃心中的远方。她先是跟身边的薛宝钗学,薛宝钗是那种传统的姑娘,她觉得作诗没什么用,香菱很快感受到了,于是就舍近求远,放弃了薛宝钗这个老师,去求林黛玉。

林黛玉和薛宝钗都是大观园中的才女,薛宝钗觉得没用的事儿,林黛玉却觉得那是最重要的,于是香菱找到了最好的老师。黛

第三章
爱情不需要等待，陪伴是最长情的告白

玉教她读杜甫的诗，教她怎样体会，怎样去写，怎么去观察。林黛玉教得认真，香菱学得痴心，她所有的闲暇时间都在写诗作诗，甚至做梦的时候都在写诗。宝钗笑她魔怔了，其实宝钗那样生活优越的大小姐哪里知道，写字、作诗、读书、赏花，这些看起来简单却风雅的事是香菱在苦海里唯一的救赎之路。这个过程，她的心灵丰满，灵魂也脱离苦海。就算她永远也不会有远方，但是诗却可以近在眼前。

香菱会作诗之后，每日有机会就和林黛玉这样的才女在一起，心情好了很多。可此时薛家又来了一个更难惹的人——薛蟠新娶的夫人夏金桂。夏金桂嫁过来的时候，天真的香菱还幻想她们能一起作诗，好好相处，好好过日子。她心里对美好的渴望太强烈了，却一次比一次失望。

夏金桂又泼又无赖又凶狠，一哭二闹三上吊，她什么都会，斗婆婆，骂小姑，打丈夫，欺负香菱。

薛蟠惹不起夏金桂这样的泼妇，就拿香菱出气，整天打骂她。有一次连顶门杠都打断了，香菱在这样的虐待中很快就死去了。死时，手里还拿着朱淑真的诗集不肯松手，那是她在尘世的念想和梦想。

香菱的身世凄惨，婚姻也由不得自己选择，但是她从没有放弃过，一直在努力挣扎，试图寻找一条出路。得不到身的自由，拥有心的自由也是好的。放眼现在的许多女人，不小心嫁错一个人，走进错误的婚姻，受尽委屈，却始终没有胆子走出来，一忍再忍。忍无可忍还要再忍一次，不愿意自我救赎。

前几天的一个新闻中，一个女人因为丈夫出轨，带着女儿跳楼而亡。这样的事让人难受。遇到错的人，遇到错的婚姻，都是有可能的事,我们都没有预知未来的能力,也没有更多的生活经验,错了及时止损,及时放手。现代的人,可以自由离婚,可以努力工作养活自己。女人都有能力经济自主,无论如何也不会有人比香菱的命运更凄惨吧?香菱一生都挣扎在自我救赎的路上,谁还有理由放弃呢?

> 第三章
> 爱情不需要等待,陪伴是最长情的告白

香奈儿的爱情传奇:
爱而不执,享受而不受困

爱情在女人心中占据太重要的位置了,无数女人前仆后继奔向爱情。有时候甚至很盲目,简直就是一场豪赌,用自己的一生幸福做赌注。

赢了,可以傲世一生,觉得这一辈子值了。可是赌输了呢?只能怨恨命运,也失去了翻转的机会。爱情很美好,谁都想拥有完美的爱情。爱情也很危险,不小心就赔上青春和命运,比如唐婉,她和陆游恩恩爱爱,不幸被婆婆拆散。陆游另娶,唐婉别嫁,虽然嫁得挺好,可是唐婉无法忘记旧情。她困在和陆游的婚姻中,始终出不来,最后抑郁而终,可怜了她的丈夫赵世程,短暂爱了一场,也落了个形单影只。如果唐婉能驾驭爱情,而不是被爱情禁锢,她也能得到一生安稳。她的命运本来并不苦,是她情愿把自己困在爱情里。

真正能驾驭爱情,付出深情却又不受其困的女人太强大,太稀少。

可可香奈儿是世界时尚界的一个神话,她打造的时尚帝国,至今无人能够超越。她终身未嫁,却有两段刻骨铭心的爱情。

香奈儿的童年生活可以用苦情山茶花来形容。十二岁母亲离世,被父亲送到孤儿院。十八岁在法国穆兰的一家缝纫店,她开始了自己的第一份工作,也正是在这里,她认识了年轻的贵族军官艾提安。两个人很相爱,他带着她到自己家的城堡,每天骑马、打猎、开舞会,极尽享乐。爱情像一朵饱满芬芳的玫瑰花,香气四溢。可是,单纯的香奈儿完全没有想到,在等级分化的社会里,相爱只是婚姻里最微不足道的一件事。因为艾提安的母亲挑剔香奈儿的出身,所以艾提安最终娶了门当户对的大家闺秀。然而,艾提安却放不下和香奈儿的爱情,希望与其保持情人的关系。爱情受挫,香奈儿悲痛欲绝,无依无靠的她没有选择继续守候无望的爱情,而是毅然转身,离开了艾提安,开始了独立的生活。后来,艾提安因为车祸去世,香奈儿却连出席他葬礼的机会都没有,她跪在他出事的地方,用双手埋起头,哭泣了四个小时。站起来的时候,她擦干眼泪发誓,她要让全世界的女人都为艾提安穿上黑色的衣服!

于是,她设计了黑色小洋装和小黑裙,她穿着它们去参加他的葬礼,虽然只能站得远远的。很快,这款小黑裙风靡世界,颠覆了丧礼中才能穿黑色的传统,至今都是女人衣橱里不可或缺的服装单品。她用这样隆重的方法,纪念深爱着的艾提安——她生命中第一个深爱的男人!

第三章
爱情不需要等待，陪伴是最长情的告白

他没有娶她，甚至没有这个打算，她却依然用全部的心思爱着他。

在艾提安之后，西敏公爵走进了她的世界。西敏公爵是当时欧洲最有吸引力的单身汉，最优雅迷人的绅士，最有权威和最有钱的男人。此时的香奈儿，已经靠才华和领悟在时尚界占有一席之地。第一次和香奈儿共进晚餐，公爵便断定，她是"上帝为他定做的女人"。他的追求方式浪漫而别致——他会亲自挑选一篮鲜花，把昂贵的珠宝藏在花篮底部，利用飞机送到香奈儿手中。他也不介意香奈儿生气时，会把他送的稀有的祖母绿抛进大海。公爵时常带她去意大利、苏格兰和挪威，他们轮流住在公爵位于世界各地的房子里。在苏格兰，她受到了启发，设计了世界上第一款斜纹软呢套装。然而，当公爵向她求婚时，她拒绝了。

没人理解这份拒绝。她说："天下成为公爵夫人的女人有很多，可我，可可香奈儿，只有一个！"

她逃离了公爵夫人的封号，却并不曾逃离爱情。很多年后，她仍然喜欢用温柔的口气说起他，说她多么喜欢亲自为他挑选衣服和袜子，她赞美公爵是"最后的国王"。他们在一起生活了十年，这十年里，她享受着公爵的温情和体贴，享受着完美的爱情生活，但是从来没有将自己困于爱情。

晚年，有人问起，为什么终身不嫁，她耸耸肩，俏皮地回答："大概是因为我没有找到一个能和可可香奈儿般配的名字吧。"

她要的只是爱，不求形式，不要任何束缚。她是独一无二的香奈儿，此前，此后，再也没有一个女人能如此潇洒，又如此深沉清醒的对待爱情。

1971年，在法国丽兹酒店，即将举办香奈儿的时装发布会，八

十岁的香奈儿因在凌晨时服用了安眠药,再也没有醒来。香奈儿的生命戛然而止,她创造的时尚王国和她鲜为人知的两段爱情,却长存人间,成了无可超越的传奇!

香奈儿并不比唐婉爱得浅,只是她保留了高傲和事业,她没有沦为爱情的奴隶,从而在深爱之后,依然打造了属于她的商业帝国。这是一场自我救赎,也是她的超脱。

爱而不执,享受而不受困,香奈儿的爱情传奇,让所有涉世未深、憧憬爱情的女孩们懂得可以渴望爱情、追求爱情,但绝不放弃独立和自由,不放弃自己的事业。

• 第三章 •
爱情不需要等待，陪伴是最长情的告白

执念就是深渊，
落入执念的爱情往往意味着葬送

我们常说，爱上一个人就是一种执念。

执念就是，爱上一个人，付出所有，哪怕他并不爱你，你也舍不得从这份虚无中挣脱。

最近两个月，身边好友频遇真情，生活和内心就像无波的水面忽然起了大风，满池荡漾，涟漪顿起。每一圈水晕都是惊艳和悸动，那种随着年龄的增长逐渐消失的东西，又一次浮出水面。

遇到一个人多么不容易，掌控欲望和思念多么不容易，那种甜蜜的喜悦，统统都变成秘密，藏在心间，却又飞扬在眼角眉梢。

他会搜她的微博，将那些经年累月的文字图片全部都看一遍；

他认真在她的朋友圈感知每一条状态下细微的变化,时常犹疑哪一个时间段跟她说一句话才不算打扰;他开始对对方喜欢的东西感兴趣,不用多长时间就对她的行业如数家珍;他会在见她之前认认真真洗澡,收拾得清爽干净,像一个情窦初开的青年;他不经意间去拉她的手,分别后记得相处的每一个小细节,默默回味……

他说:"我想抛下一切跟她在一起,不止此时,是一直。"

可是,那个人并不爱他。他的行为已经严重影响到了自己的生活却还不承认,这不是爱情,一切都是执念而已。

被执念害惨的人,后唐有一位,她叫窅娘。她放弃了人生以及一切,就像飞蛾扑火一样扑向了虚无的爱情,从而葬送了自己。

窅娘的出身不好,一说她是采莲女,十六岁被选入宫;一说,她是混血儿,眼睛和中原人不一样,所以李煜给她取名窅娘。

别人讨好皇帝为富贵,窅娘却是真爱。

为了吸引李煜的注意,她下足了功夫。

窅娘擅长跳舞,利用身姿轻盈的优势,模仿赵飞燕在金盘上和莲花上跳舞。站在小小的金盘上跳舞谈何容易?为此,她每日用白帛缠在双足上,将脚缠绕成弓形。这样站在金盘上跳舞,便愈发飘逸秀美,玲珑有致。窅娘像安徒生童话中为王子舞蹈的美人鱼一样,每日练舞都要承受锥心之痛。

李煜果然被她轻盈的舞姿迷住,常常携小周后一起欣赏。窅娘站在金盘上跳舞、旋转,青春的脸上保持着从容的微笑。大家只看到旋转成花的她,没人关心她忍受的疼痛。

李煜为了欣赏窅娘绝妙的舞姿,又见她小脚玲珑可爱,专门修建了一座金莲供她跳舞。金莲高六尺,装饰珍珠美玉,垂坠璎珞。窅娘着薄纱彩裙,素袜轻踏金莲,衣袂飘飘,自如灵动,果然有当年赵飞燕之姿容。在李煜面前的金莲花上,她时而凌空如仙子,时而旋转成花朵。恍惚如梦,月色当空,映衬了珠宝金莲,窅娘也果真成了月下仙子。

窅娘受到了恩宠,让后宫女子艳羡,她们开始模仿窅娘裹脚,一时间在后宫里蔚然成风。窅娘的脚,裹后像新月,也像花瓣,舞起来分外好看。南唐唐镐有一对联写窅娘舞:

莲中花更好,云里月长新。

这副对联既是形容她的舞,也是形容她的小脚。

李煜适合演绎痴情绝恋,却并不适合做帝王,南唐被大宋所灭后,李煜带着他心爱的小周后成为大宋的俘虏。

临行,李煜遣散众妃嫔,让她们各谋生路去了。大家都散了,只剩窅娘坚持不走,一定要跟在李煜身边。

那一路上,李煜和小周后互相扶持,甘苦与共,窅娘坚持远远跟着,远远地看着。这个被爱情冲昏了头脑的女子,她爱李煜,不因他有江山和富贵。她是爱上了这个男人,哪怕他成了阶下囚,她的心依然系在他的身上。

窅娘颠着小脚,一路跟着俘虏队伍。莲步不再飘逸,她咬着牙,坚持徒步跟随那个男人的身影。

史料记载:窅娘白衣纱帽随行,后主宛转劝留,不听。

她为这个男人缠足,跋山涉水,不离不弃。那是她地老天荒的爱,那是她付出了太多得到的一丁点儿温暖。

李煜后来中毒惨死,小周后遭强暴。李煜和小周后的结局都很惨烈,他们是南唐的皇帝和皇后,是赵光义要折磨的人。窅娘作为南唐的从属,其实不必受这个苦,她是被爱情冲昏了头脑,一如缠足之始。

窅娘之名,早就传入大宋,人人都知道她舞姿奇绝,可在金莲上跳舞。

好色的赵光义也修了一座金莲舞台,专门送给窅娘。

窅娘没有选择,她含泪换好舞裙,轻轻踏上莲台,双足并立,脚尖旋转。裙裾飞扬起来,如花如幻,光阴仿佛又回到了过去,只是台下看她跳舞的,早已不是心上那个人。

一双金莲轻盈如蝶影,赵光义看得痴呆如醉,窅娘却一个旋转,转身飞向水面,扑入永恒深渊。

为了爱李煜,她甘愿缠足;为了爱李煜,她情愿做囚犯。为了维护她的爱,她拼上了性命,可惜这惊涛骇浪般的爱,李煜从不领情。

世间最可怕的爱,便是我爱你,却落入了执念,葬送了自己。

离婚后不用太伤，
　好好做个母亲

我听到一句最可怕的话，是一个女人说的。

那天我去幼儿园接女儿，遇到她。我女儿和她儿子是同班，他们每天都在一起玩儿。所以大人也就熟悉了，见面会打一下招呼，等孩子的间隙也会聊几句。

她长得很漂亮，身材高挑苗条，也很会化妆打扮，站在人群里十分醒目，我很羡慕她的状态，直到那天。

那天，孩子们放学后很留恋幼儿园的秋千和蹦蹦床，学校就允许想玩的孩子们再留半小时尽情玩。我女儿和她儿子都把书包递给我们转身疯玩去了，我俩站在远处一边看着孩子一边聊天。突然,一个男人走过来,气势汹汹的样子,径直走到她身边,大声吼道:"我等你们这么久,为什么还不出去,有病吧。"

她也大声说:"你儿子非要玩,他不走我怎么办?"

男人继续发怒:"他不走你是死人啊,你不会让他走吗?"然后男人狠狠骂了一句脏话,说:"你们爱怎么回去就怎么回去,我不管你们了,一对白痴。"

那个男人说完就扬长而去,他的车很快消失在学校门口。我看着她,她眼睛红了,自顾自说:"我看这日子是没法过了,非离不可了。"

我也不知道说什么,也不了解他们夫妻平常的状态,就说了一句:"可是孩子……"

她突然发怒,像是对我,又像是对孩子:"这破玩意儿跟谁都能生,还能约束了我吗?离婚我才不要孩子,让他自己带去。"

然后她再也没跟我说话,过去拖着孩子离开。孩子一路哭着,走了很远还能听到哭声。

后来接孩子就再也没有看到过她,接这个小男孩的人换成了一对老人,是孩子的爷爷奶奶,他们老早就搬着小凳子坐在门口等着。

几年后我在商场又遇到过她一次,她主动说:"自由了,离婚了,再也不用听那个怂男人发火了。我也没有要孩子,一点也不耽误谈恋爱。"

我跟她连熟人都算不上,只是听听而已,连附和都不必,但是她儿子的情况我多少知道一些。

这个男孩跟我女儿同班,慢慢从活泼好动变得内向孤僻,很少跟人玩。等升了小学,几乎就放弃了自己,逃学打架无所不做。据说

第三章
爱情不需要等待,陪伴是最长情的告白

他有了一个后妈,对他不好,爸爸总出差,爷爷奶奶也去世了,没人管他了。

她是真的做到了,离婚后再也没有管过儿子一天。

孩子不是女人一个人的责任,这个孩子遇到了一对不负责任的父母,父亲的不负责任,母亲的冷漠彻底将孩子毁掉了。最近听说那孩子退学了,每天到处游逛。听了又心惊,又心疼。

在脆弱的当代关系中,婚姻并不是孩子的避风港,但是负责任的父母才是孩子真正的依靠。

顾太清是大清著名的女词人,也是公认的清朝第一女词人,地位名声和纳兰性德并列。八旗论词中就称他们为"男中成容若,女中太清春",太清春就是顾太清。

顾太清家世显赫,父亲是鄂实峰,母亲是富察氏之女。父母共生有一子二女,顾太清是长女。

她家高门大户,书香门第,太清三四岁的时候,祖母就教她识字。到了学龄,家里请了老师专门教文化。清代的大家闺秀都是要学琴棋书画的,尤其满族,他们并不崇尚女孩养在深闺,骑马、打猎、学习,这些事女孩都是可以参与的。清代的贵族女子,还是比较豪气爽朗。只是到了清末,国运衰弱,对女子的要求越来越严格。

人生并不总是顺风顺水,乾隆二十年,鄂尔泰门生胡中藻牵扯进一段《磨生诗抄》的案子,连累了老师鄂尔泰的家人。顾太清的祖父被查办,赐帛自尽,家产籍没。

家产去了,修为在身,繁华没了,诗情还在。贝勒爷奕绘爱慕顾太清,求娶做了侧福晋,给了她一段完美婚姻。奕绘也是清朝历史上有名的才子,是乾隆的曾孙,五阿哥永琪的亲孙子。

为了娶她,奕绘抹去她戴罪的身份,将她的户籍落在一位顾姓家人的名下,顾太清也是从此改名字的。

奕绘也是才子,他最喜欢和顾太清写诗唱和,间或二人骑马踏青,牵手而行。当时,他们是整个清王府里最恩爱、最美满的一对。

奕绘的嫡福晋早逝后,顾太清得奕绘专宠,成了王府里唯一的福晋。

奕绘和顾太清在南谷有一栋别墅,环境清幽雅致,别墅中设有霏云馆、清风阁、红叶庵、大槐宫。这座园林式别墅是奕绘根据山势建起来的,集南方园林之幽静和北方园林的疏朗,天游阁是别墅中的一个去处,是奕绘和顾太清平日休息、宴饮诗友的清幽雅地。所以,后来顾太清的集子便称《天游阁集》。这里,是他们携手人生的最快乐处,也是诗情最豪放处,顾太清的诗作多写于此地。

这样一对恩爱夫妻,一生一世一双人的美满,命运非要跟他们开一个玩笑,将这本该平静无波的结局打碎。

道光十八年,年仅四十岁的奕绘因病不起,丢下顾太清和孩子们去了另一个世界。奕绘一走,顾太清就被福晋留下的孩子赶出了王府。她和奕绘生有四子一女,她带着孩子们在西城养马营租了几间破房子。一个贵妇,带着孩子流落陌巷,失去丈夫失去家之后,她也几乎失去了生活来源。顾太清几乎崩溃,几度想去寻死,追随丈夫而去,但是为了孩子们,她强打精神。

死去何其容易,只是孩子们怎么存活于世?她在破屋子里写诗诉说苦闷和矛盾:

陋巷数椽屋,何异空谷情。
呜呜儿女啼,哀哀摇心旌。
几欲殉泉下,此身不敢轻。
贱妾岂自惜,为君教儿成。

第三章
爱情不需要等待，陪伴是最长情的告白

从清雅别墅到陋巷，儿女哭泣，心绪哀哀。我想追随你去泉下，却又不敢撇下孩子们，此时，我不是一个女人，我是一个母亲。尽管难熬，你放心，我会尽心照顾他们成才。

顾太清不是没有见识的村妇，丈夫死了，家没了，只会哭天抢地。她明白该怎么做，将孩子们的命运拉回正轨，才是正确的，所以，自己必须振作，不能整天啼哭。

贫困历练心性，只要有希望在，荣华富贵和粗茶淡饭是一样的味道。

顾太清晚年居住在街巷，悉心教导儿女，依然写诗填词，还写了《红楼梦影》，她的儿女们都大有作为。百年后，她回到南谷别墅，和奕绘葬在了这里。

顾太清的一生历经坎坷，但她是一个母亲，无论什么样的境地，她都不曾亏待她的孩子们。

嫁得不好,就好好拼一番事业,
人生并不单一

  我做记者的时候采写过一个社会新闻,我永远也忘不了了解到真实情况后心里的悲凉。那是一个二十几岁的姑娘,结婚四五年后发现老公出轨了。她是单位的骨干,人也年轻漂亮,父母都是商人,家里很富裕,是像公主一样的女孩子。可是面对丈夫的离婚协议,她不甘心,她恨,说什么都不肯离婚。最后,拉着男人从大厦上跳下来,双双死亡。

  这个案子惊动了整个城市,她的决绝和不妥协,却将自己的性命搭上了。她的父母一夜白头,看到的人都跟着落泪,太可怜了。这个姑娘也太可惜了,遇到一个错的人,一段错的婚姻,并不是就到了绝路。

第三章
爱情不需要等待，陪伴是最长情的告白

只要有婚嫁制度存在，就会有嫁错了的人。不仅当代，古代也有。嫁错了怎么办？真的只有死路一条吗？那也太惨烈了些。

谢安的亲侄女谢道韫从小就是才女。一个大雪天，谢安把一大家人聚在一起谈诗论文。见窗外大雪纷纷扬扬，于是问子侄们，这纷纷扬扬的大雪像什么呢？侄子说："撒盐空中差可拟。"八岁侄女谢道韫也接："未若柳絮因风起！"意思是，不如比作风把柳絮吹得满天飞舞。大雪漫天飞舞，忽然一阵风来，纷纷飞乱，好像春天的柳絮，轻飘飘扑人面。

后来才女谢道韫做了王羲之的二儿媳妇，嫁给王凝之！

宽松的家庭氛围没有使谢道韫娇纵和任性，她反而恪守妇道，为人宽厚，赢得了谢家人上下一致的好评。

谢道韫并不喜欢王凝之。《列女传》写她："初识凝之甚不乐！"一见面她就不喜欢他，嫌他不上进，太平庸。

成亲之后不久，谢道韫回娘家去，不太开心的样子。叔叔谢安思侄女心切，看着她问："回娘家了怎么还不高兴呢？你嫁的人，又不是坏人，长得也是一表人才。"谢道韫回答："咱们谢家的男人，往上了说叔父您，往下了说我的哥哥们兄弟们，都是才华横溢名士风采。我自小和你们在一起，吟诗作画，好不快哉。可是，没想到，这样的家庭里，会有王凝之这么一个平庸的人做我的夫婿，我怎么开心得起来？"

谢道韫是不幸福的，心是累的，她丈夫王凝之也不容易。本来生在这样的家庭已经压力非常大，现在又娶了一个才情不俗的媳妇，很伤自尊。所以王凝之开始信佛道之说，以此逃避婚姻。

最好的家庭，最出名的老爹，娶了当代最有才华的女子做老婆，王凝之却并不是最幸福的人。自然，谢道韫也不是。

王凝之不仅没有才华,还很愚蠢。

晋末著名的孙恩、卢循起义爆发后,任会稽内史手握军政大权的王凝之无能为力。面对强敌进犯不备战、不迎敌,而是闭门祈祷神仙能保佑。孙恩的兵如入无人之境,长驱直入并杀了王凝之和他的孩子们。

谢道韫见丈夫窝囊被杀,孩子们也都成了刀下冤魂,真是又急又恼又恨,命令身边的丫鬟们给自己穿了盔甲,拿一把刀就冲出去了。终是寡不敌众,连同幼小的外孙都成了孙恩的俘虏。

对于谢家的人,孙恩自然是杀之后快。谢道韫急了,施展雄辩口才,慷慨陈词,痛斥叛军无道乱杀无辜,说他们要杀的无非是王家人,不要伤及无辜,并且自愿请死。孙恩对才名鼎鼎的谢道韫早有耳闻,孙恩敬佩才女胆识文采谋略,亲自将她送回会稽家中。

婚姻不如意,又晚年丧夫失子,这日子怎么过?换一个人,就颓废下去了吧。

谢道韫却在堂上设素色帐帘,自己每天端坐帐帘后面,传道、授业、解惑,做起了会稽年轻一辈的老师。

修养学问,气度风格,帮谢道韫化解世俗悲欢。因为开馆授业,她晚年成了会稽最受尊敬的人。

谢道韫这样的女子,没有嫁对人,在古代的道德氛围与社会规则中,她根本没有离婚的可能。落在坏的婚姻里,就像一颗种子落进了贫瘠的土地。她挣扎着,也开出了自己的花,独创了一番事业,世世代代都受人尊敬,成了历史上有名的大才女。

现代社会婚姻是自由的,年轻的时候不懂事,嫁错了人,还有修正的机会。如果因为一次错误的选择,就赔上自己的一生,不但害了自己,也害了父母,那真是太愚蠢了。

第四章

不占便宜是最聪明的活法儿，
也是一种大格局

人性要高于职业道德，是亘古不变的道理 / 随时随地学习，拥有自救的能力，保持专业上的第一 / 别觉得残酷，在职场上你有用才有情谊

・第四章・
不占便宜是最聪明的活法儿，也是一种大格局

人性要高于职业道德，是亘古不变的道理

最近在微博上，四个小男生在学校厕所性侵小女生的新闻闹得轰轰烈烈。事情曝光后，四个男生因未成年，被送往工读学校，女生也不适合再在这个学校里继续读书，于是家人带着她转学。

好几家媒体在报道女生情况的时候，居然将她生活的城市的具体地址列了出来。这样一来，她就算转学还是躲不开流言蜚语。可以预见，受害女孩的生活依然受到了很大的影响。媒体这样一写，流量是上来了，但是骂声四起。因为这些媒体违背了职业道德，失去了同理心，完全没有站在受害女孩的角度考虑问题。

多年前，也有这样一位受到性侵的女孩汤兰兰，她好容易摆脱

阴影开始了新的生活。可是一个女记者千辛万苦找到汤兰兰,执意为她写了一篇报道。于是,本来可以隐居起来,重新开始人生的汤兰兰,又一次暴露在公众之下,她的生活又一次崩塌。

话题度,挖掘真相,流量……是媒体人的职责所在;维护新闻性,是职业道德。那么,人性呢,共情呢?

当人性与公共道德发生碰撞时,孰轻孰重?

很多年前,我做实习记者的时候为了新闻线索,为了有价值的新闻,也曾经不管不顾将一个女孩的生活全部展现在报纸上。结果她的生活受到了严重的困扰,后来她辞职搬离了这座城市。

那是我第一次思索职业道德与公共道德之间的关联,也是第一次感到愧疚与懊悔。话题性不仅给媒体带来一定的利润和关注度,也和个人的业绩收益密不可分,但因此影响别人的人生,这样正确吗?

很多年前,有一幅获得普利策奖的摄影作品《饥饿的苏丹》,引起了世界范围内的巨大争议,关于职业与道德之间的讨论也由此展开。

1993年苏丹在战乱频繁的情况下发生了大饥荒,南非的自由摄影记者凯文·卡特来到苏丹采访。在拍摄的过程中,凯文遇到了一幕令人震惊的场景:一个瘦弱到皮包骨头的小女孩在爬往食物救济中心的路上没有了力气,再也爬不动了,于是她趴在地上。她身后的不远处,蹲着一只硕大的秃鹰,秃鹰贪婪地盯着奄奄一息的小女孩,等着去吃掉这个即将到口的"美餐"。

凯文·卡特静静等在旁边,为了不惊动秃鹰,他不敢发出响声,足足等了二十分钟,才按下快门拍下了这张构图、题材和角度都"完美"的照片。

第四章
不占便宜是最聪明的活法儿，也是一种大格局

照片采用普通的"井"字构图法，秃鹰与小女孩分别位于四个交叉点的左上角和右下角。空旷荒凉的环境，非洲大地上的干旱与正午阳光强烈的冲击，虎视眈眈的猛禽，奄奄一息的生命。安静火热的大地，荒凉残忍的大地，在照片中静止，却让照片之外的人战栗和无法平静。

因为那是一个即将逝去的、幼小而羸弱的生命，那本是人类应该好好保护的幼女。

这张照片首发在媒体后立刻就轰动世界，接着又获得大奖。普利策奖，是每一位媒体人都梦寐以求的荣誉，是行业内最高级的肯定。

《饥饿的苏丹》是记录，也是艺术品。残酷的人世间，摄影师并不是始作俑者，然而人们尖锐地指出他踩在小女孩的尸体上获得了大奖。无论他作为一个摄影师还是新闻记者，面对这样残酷的事实不应是寻找角度去拍照片，而是应该救助小女孩，赶走秃鹰。

作为一位摄影师，一位新闻记者，凯文·卡特无可指摘，他只是做了一件职业范围内的事，因此而名利双收。可是良知与指责一直如影随形，让他失去了快乐。

颁奖仪式两个月后，凯文·卡特留下一张字条："真的，真的对不起大家，生活的痛苦远远超过了欢乐的程度。"

他自杀了。

对于摄影师来说，好的照片，完美的镜头可遇不可求，很多时候只是一瞬间而已，而他留下的这张照片作为艺术品，也是人类共同的财富。

摄影师就算没有拍下这张照片，他也救不了非洲的干旱与饥饿，也解决不了人间的苦难。可是，人是有良知的，人不是机器。

当职业道德与人性发生碰撞,有人会不解,该怎么选择?凯文·卡特的事其实有一些参考价值,虽然我们这一生很少有机会触碰这样生死攸关的事,但是以大见小。

新闻记者为了挖掘真相,侵害到受害者,这样的报道本来可以避免。不利用别人的伤痛来赚取流量与名利,是最基本的人性。

人性也是道德。

《道德经》以"道德"为纲领,老子著述的本意,是要在乱世里,教给人们正确的修道方法。要想正确修心、修道,德是基础,犹如大厦地基。道是延伸,也是升华,道与德完美相合,才能在世上真正立足。

道生成万物,德润化万物。

很多时候,人会迷茫、焦虑、无法选择。要业绩流量还是要人间道义?之所以会面临这样的选择,是因为没有明白道与德的融合问题。道德,不是规矩,不是约束,其实就是人性,是人性中善的部分,与他人共情的部分。

你的心,就是道德。

第四章
不占便宜是最聪明的活法儿，也是一种大格局

骑驴的时候别老想着马，请善待驴

一个开公司的朋友遇到一件很恼火的事，他公司的一个员工最近工作总是心不在焉，偏偏这个员工又在一个很重要的岗位上，上个月刚刚得罪了一个客户，这个月又连续请假四次，工作都衔接不上。朋友的公司是做专业性很强的法律方面的业务，所有的员工都经过了培训和半年的历练才正式上岗。后来，他找这个员工谈了一下，问他最近是不是生活上出了什么事，影响到了工作。

这个员工也没有说什么，只是说会注意，工作态度好了几天，然后突然提出了辞职。公司实在没有办法迅速补上一位精通业务的员工，就又找这个人谈了谈，问他能不能晚半个月辞职，把工作

详细交接一下,也好给招聘新人一个缓冲期。

这个员工说什么也不同意,即刻就离职。

对于这样的员工,朋友的做法是停发了他的奖金。其实也没有别的惩戒办法,只能按照合同办事,公司的损失自己承担。但是这个人觉得不公平,将公司告到了劳动局,说是侵犯了他的权益,他做满了整月,应该发全额工资和奖金。

劳动仲裁这种事,劳神费力,调查了好几天才查清楚。虽然最终并没有补偿这个员工,但是也耽误了公司不少工作。

我朋友咽不下这口气,就找人调查了一下,原来这个人早在两个月前就开始去各处投简历,请假面试,所谓"骑驴找马"。他一门心思都在找"马"上,当然不会好好工作了。

只是,经过劳动仲裁这么一闹,这个人在行业内被曝光,他本来已经找到的新的公司也借故将他辞退了。经过一段时间无头苍蝇一样的应聘无果之后,他居然又给朋友发来了邮件,试探着问他现在想回公司,还可不可以。

鉴于他找到新工作之后对公司的态度和给公司造成的损失,自然没有人欢迎他再回来。

人的一生,与职业息息相关。你所选择的伴侣还可以分开,可是要想生存,或者获得生存的意义,大部分人总是离不开工作。

既然离不开工作,总要找一份性价比最高的才好。找工作这件事,也很难一步到位。在初入社会的时候,什么工作经验和社会经验都没有,先进入一个单位稳定下来几乎是唯一的选择。然后再慢慢探索和寻找,改变和修正,所以,很多人都在"骑驴找马"。

顾名思义:骑着"驴"寻找"马",意思是目前的状况虽然不太满意,但是也先找点事做,再慢慢寻找合适的机会。

第四章
不占便宜是最聪明的活法儿,也是一种大格局

"驴"当然不如"马"骑起来顺溜快捷,所以骑"驴"的人,眼神里多的是对"马"的艳羡和期待。

马,骑起来四蹄如飞,驰骋万里,正所谓"好山好水看不够,马蹄催趁月明归",而驴就显得缓慢笨拙多了。如果说工作就像坐骑,职业就是贯穿人生的风景。这个过程,每个人当然都希望找到一匹属于自己的"马",扬鞭驰骋,风驰电掣。但不是每个人都能这么幸运,在职业这条路上,遇到"驴"的概率更大。

"骑驴找马"看起来是个明智的选择,也是必然的过程。骑着驴,望着马,眼下不耽误,前方不错过,多妙!可是,我们有没有想过,万一我们眼光盯着旁边的马,身下的驴有个闪失呢。或者,驴不高兴了,不耐烦了,把你甩下来呢。那结果,岂不很惨。

所以,人在职场,骑驴疼驴,骑马爱马,才叫识时务。

骑驴疼驴,你才有心情欣赏"驴"背上的风景,才能将"驴"打理得清清爽爽,喂到膘肥体壮,让所骑的"驴"成为众多"驴"中的好"驴"。在暂时的工作岗位上认真负责,好好工作,积累经验,无愧于心,也是为日后找到真正适合自己的工作做准备,在行业内挣一个好口碑。

何况,骑驴找马无疑只有两种情况发生,一是你顺利找到了下一份理想的工作,辞职奔赴,结局完美;二是一时找不到理想的工作,"马"遥遥无期,你还要指望在旧的工作岗位上获得生活来源。

在现有位置上好好工作,既是对公司的交代,其实也是对自己的负责。你所积累的工作经验、人脉,都将是下一场人生的底色。为了未来,好好打一份基础,就是现有工作的意义。

如果像我朋友公司那个职员一样,下一个工作还没有找好,就急着敷衍,就开始心浮气躁,造成了公司的损失,下一步还没有开

始走,脚步就已经凌乱,这样的状态,怎么能走好呢?

只有懂得骑驴疼驴,才可以更好地骑马爱马。

骑驴疼驴是自身完满的过程,是一种心里减负。只有懂得在低处厚积,他日才可在高处薄发。骑马爱马既是对自我品格和能力的高要求,也是一种对人生好运的知足和感恩。骑马的人,只有骑马爱马,不骄不躁,自己才会成为出色的"千里马"。

骑驴疼驴,骑马爱马,不是向现实的妥协,也不是遇到挫折后的萎靡,而是一种对人生的豁达,是一种人生智慧,一种历练。只能骑马不肯善待驴的人必然狭隘单一,缺乏大气,缺少时光的历练积累;只能骑驴又不屑于驴的人难免小气猥琐,无法舒展身心。只有抱着"骑驴找马"的心态,又能将现有工作做得风生水起,认真负责的人,对现有工作尽心的人,才是真正的强者,也才能被更多的"马"欣赏。

第四章
不占便宜是最聪明的活法儿，也是一种大格局

职场法则：
枪永远从落尾鸟开始打

一个熟人，学的酒店管理，毕业后顺利进了一家不错的酒店实习。她信心满满，觉得只要好好干，就能留在这家酒店工作。

结果上班之前，她妈妈好一通嘱咐，要她一切以隐忍为上。俗话说枪打出头鸟，太显出自己的能力容易被算计，最好低调一点，别让人注意到才安全。

她初入职场本就懵懂，就听了老母亲的肺腑之言，上班后很多事能躲就躲，遇到了难题永远不出面解决，只是低调地把自己的本职工作做了，不会被批评，但是也不求表扬。领导确实没有注意到她，但是安全不安全就未必了。

三个月后，同时招聘的另外两位同专业者在各方面都表现优秀，得到领导很多关注，而她一直本着不出头的原则，只求安稳，毫无建树，最后居然被淘汰了。

她并不是不知道酒店有末位淘汰制，只是没想到她并没有做错事也会被淘汰。她跟朋友们哭诉，好不容易进到这么高级的酒店，结果没有好好把握机会，真是后悔不迭。她本来专业知识扎实，长相气质都是不错，口才、应对能力都很好，却成了第一个被淘汰的人。大家听了她一路的工作历程和心得，倒吸一口凉气。感叹，她到底是年轻，没有职场经验不说，连生活经验也没有。她妈妈一个家庭主妇，一辈子连职场的边儿都没摸过，她能有什么有效经验来传授给要到职场中打拼的女儿。

无论是在职场还是在生活中，弱者都处于挨打的地位，这是永恒不变的道理，跟枪打出头鸟并不相对。

枪打出头鸟是提醒人不要太张狂。工作怎能一样？你面对上司，如果只图平庸，或者业绩一直在末尾，是要被淘汰的。谁是创造价值者，谁取胜。哪个领导也不会这么佛系，只青睐平庸的员工。枪打出头鸟，这是一句最不负责任的话。其实真正被生活毒打的，一直都是落尾鸟，出头鸟总是风光无限。

世间从来就没有绝对的公平，黄渤说："你弱的时候，坏人最多。"所以，就算在生活中，也不能做最弱的那一个。

可能是几千年受儒家思想，中庸之道的渗透和同化，对枪打出头鸟这样的道理我们深信不疑，并且努力实践。认为太出头了，必惹人注意，遭人抓到把柄，落得个枪打出头鸟的下场。

枪打出头鸟流传了几千年，无非就是告诉我们，无论做人做事，都要随大流走，亦步亦趋，才能明哲保身。古老的格言像一个久

第四章
不占便宜是最聪明的活法儿,也是一种大格局

远的花冠,渐渐地随着时代前进,花瓣失了水分,样式也已经过时,剥落了繁华,显出鲜艳不再的窘态。

不出头的鸟儿分两种,一种是不愿出头。久久奉为圭臬的中庸之道,似鬼魅般如影随形,渗透在生活的每一个角落,甚至灵魂深处。渐渐地,生成本能。甘愿躲在别人的阴影里乘凉,寻求庇护,任凭别人遮住自己头上的一片天空和风景,慢慢也就放慢了脚步,有限的空间里,也禁锢了思想,羽翅慢慢退化,甘愿放弃翱翔的本能,等猎人来了,想飞也没有能力了,自然会落后被枪打。另一种是没有能力出头。龙生九子,各有不同!何况人的遗传基因,生长环境,父母影响,受教育程度都有很大的差异,存在差距也就可想而知了。有些人先天条件注定,便是那落后的鸟儿,飞不高,也飞不快,自然成不了出头的鸟。这样的鸟没有丝毫的爆发力和上进心,机会看着你就来气,不淘汰你淘汰谁?

优胜劣汰,虽然残酷但是公平,落后就挨打,没什么可说的。

许多千里马埋怨没有伯乐的赏识,认为是世道不公,怨声载道,可是如果不做一匹出头的千里马,有哪个伯乐会在马群里一眼看到你呢?只有做出头鸟,被发现的机会才会多一些。

况且,出头的鸟儿,得到的也会更多。就说在职场上,如果不出头,那么早晚逃不过优胜劣汰的残酷法则。何况要想施展才华,争取在更广阔的天空飞舞,实现抱负。生活过得饱满舒适,就要做出头的那只鸟,吃到更新鲜更大的虫子,落后的鸟儿永远没有这个机会,更别提什么选择权。出头的鸟儿剩下什么,落后的鸟儿也就只好吃什么,没得选。

落后就要挨打,不光是职场,放眼世界,从来就是强者与强者之间的对话。我们人类之所以成为地球的主宰,就是因为人类是地

球的强者。自然界中"物竞天择,适者生存"的淘汰法则,淘汰的自然是弱者。

在这个相对公平的世界里,做一只奋起的鸟儿,比抱怨强得多。

第四章
不占便宜是最聪明的活法儿,也是一种大格局

随时随地学习,拥有自救的能力,保持专业上的第一

小表妹今年毕业了,回到家乡来找工作,投简历的过程中,她一直神采飞扬。我以为她是因为要迎接新生活而开心,谁知道她说:"我终于熬到毕业,再也不用学习、考试,终于可以轻松生活了,能不开心吗?"

原来如此,我在心里笑了一下:"年轻人,这是没经过生活的捶打啊。人这一辈子,哪一步能真正放松下来?等你真正找到工作,就知道放松的后果了。"但是我知道,此时说什么,她都不会听的。

小表妹学的是医护专业,很快在一家私立医院找到了工作,按

照她对自己人生的规划,接下来该好好享受生活,谈恋爱了。于是她按部就班地上班,大家都在考这个证那个证的时候,她也完全没有在意。

半年里,她长胖了一些,也变得漂亮有气质了,因为她大部分时间都用在了打扮上。可是医院却容不下她了,在临近转正的最后一周没有跟她签合同。

她傻眼了,不是说工作了就可以放松了吗,只要工作不出错就可以了,还要什么进取心?那本来是一家很好的医院,如果留下待遇会很好。正因为是很好的医院,新毕业的学子们都想进去,好不容易得到机会进来的也会兢兢业业好好干,尽可能多给自己积攒资本,而不是放飞自我。

哭了一场,表妹后悔不迭,又一次拿起了专业书籍,打算再进修一下,再也不说终于可以放松这样的话了。

我有个朋友是学法律的,他工作了十年,已经是有成功案子,也站稳了脚跟的职场精英,但是他大半的休息日几乎都在"充电"。必须要考的各类证不算,随时随地学习新修改的法律,也是必不可少的一项内容。

他经常对新人说的一句话就是:"随时随地学习,保持专业上的第一,才能真正站稳脚跟。好的单位,好的家庭,好的学历,都不可能一劳永逸。"

听起来,人生真残酷,可是必须如此。

塔拉·韦斯特弗在《你当像鸟飞往你的山》中说道:"我这一生中,这些直觉一直在教导我一个道理,只有依靠自己,胜算才更大。"

我们来到这个世界上,除了自己毫无依靠,哪怕你出生在权贵之家,一次动乱便可将大厦倾覆。人生沉浮无定,真正的自保,就是无论多难,也要自己强大。很多人以为稳定可以长久,优势可以长久,真的未必。

网上流传着一个段子,神出现在我面前问:"你想不想少奋斗十年?"我说:"当然想。"于是神拿出生死簿,在上面划掉了十年生命。

这个段子辛酸多于好笑。人这一生,奔波忙碌,勤奋努力,有时候不是为了争取什么,而是为了不掉下去,为了好好活着。一劳永逸的人就算有,也凤毛麟角,他们可以躺在祖辈的功劳簿上享受财富,不用自己辛苦。但是普通人,每一天都在争取中,每一刻都在努力着。

蔡文姬出生在书香门第,父亲曾经做到中郎将,是东汉时期大名鼎鼎的文学家、书法家、音乐家蔡邕。一代枭雄曹操,曾经拜在蔡邕的门下,与蔡邕有亦师亦友的情分。

这样的家世出身,不是应该衣食无忧、养尊处优一辈子吗?可是没有那么幸运,她遇到了战争,遇到了抢劫,遇到了生离死别。每一次,她都挣扎在生死的边缘。但是无论多么艰苦卓绝,她都在自我学习中,靠着不懈地努力,渡过了苦难的岁月,最终得到了平静。

公元 168 年,蔡邕任左中郎期间,正直清廉的他上书弹劾宦官专权,试图恢复汉朝天下的清明,然而早已经被宦官控制的汉灵帝十分昏聩,将蔡家流放朔方。

蔡文姬跟着父亲一路漂泊长大,受尽苦楚。流放的日子里,父亲对文姬要求严格,每日都要抽出时间学习音律、书法、诗文,即使再艰难的生存环境也不许她懈怠。

蔡文姬从小在父亲的影响和教导下熟读诗书,精通音律。她九岁的时候,就显示出了异常的音乐天赋。

有一次,父亲蔡邕在外面弹琴,琴弦突然断了一根,小文姬在房间里说:"是第二根弦断了。"

父亲以为她是偶然说中的,于是就故意弄断了一根弦。

文姬说:"这次是第四根弦。"

父亲大为惊异,从此更注重对女儿的培养。如此天赋加精心教导,蔡文姬成了中国历史上一位千古无双的才女。

汉献帝继位后,董卓专权,蔡邕被召回为官,成为一日升三级的重量级官员。董卓成为他们一家的恩人,这也为之后的家族覆灭埋下了祸根。

回朝后,蔡文姬十六岁嫁给名门望族之子卫仲道,可惜卫公子患有痨症,成亲一年,就咳血而死。

夫家给蔡文姬冠上了克夫的罪名百般苛待。

短暂的婚姻生活,给蔡文姬的命运蒙上了一层阴影,守寡又没有子女的蔡文姬只得回到娘家度日。

接着,董卓被杀,蔡邕受到连累被抓进监狱,很快就冤死狱中。

蔡文姬又一次失去了依靠和庇护。父亲死后,蔡家一家人离开长安,打算混入逃难的百姓当中回老家去。路上遇到匈奴兵,蔡文姬被抓成了俘虏。她在《悲愤诗》中描述被俘之后一路向北的凄惨情景:

斩截无孑遗,尸骸相撑拒。

第四章
不占便宜是最聪明的活法儿，也是一种大格局

马边悬男头，马后载妇女。

匈奴兵所过之处，烧杀抢掠无恶不作，抓到男的就杀死把头挂在马上，抓到女人就带走。

而到了地方呢，奴隶的日子也不好过：

或便加棰杖，毒痛参并下。
旦则号泣行，夜则悲吟坐。
欲死不能得，欲生无一可。

匈奴兵或者皮鞭抽打，或者棍棒相加。日间一边干活一边哭泣，夜里则是坐在月亮下悲哀哭泣，眼泪流干了，心碎了。生之无趣，死又不能！

抢来的女人大都逃不掉受辱的命运。蔡文姬按照俘虏等级被献给了左贤王。塞外苦寒，人又野蛮，气候恶劣，远离家人，远离故土，这些苦加在一起像一座大山向蔡文姬压来。孤独无助的日子里蔡文姬没有被命运打倒，在那样艰苦的生存环境中，她学会了塞外的乐器胡笳，并将胡笳与中原乐器古琴相融合，创作出了新的曲子。烦闷思乡的时候，她会吹奏一曲，胡笳特有的哀怨苍凉调子，抒发着文姬对命运不公的质问与反抗。后来蔡文姬写出了《胡笳十八拍》，是中国十大名曲之一。

明朝人陆时雍这样评价她：东京风格颓下，蔡文姬才气英英。读《胡笳吟》，可令惊蓬坐振，沙砾自飞，真是激烈人怀抱。

蔡文姬留下的《悲愤诗》和《胡笳十八拍》是中国文学史和音乐

史上的瑰宝。

清代诗论家张玉谷曾作诗称赞蔡文姬的《悲愤诗》这样说:

> 文姬才欲压文君,《悲愤》长篇洵大文。
> 老杜固宗曹七步,办香可也及钗裙。

意思是蔡文姬的才华压倒了卓文君,曹植和杜甫的五言叙述诗也受到了蔡文姬的影响。

赤壁之战后,中原三分天下已定,据政一方的曹操尊重文化,也念及与蔡中郎的情分,想到大汉的才女流落塞外于心不忍,就命人带着价值连城的金玉珠宝去赎蔡文姬回归家乡。

蔡文姬此时在塞外已经生活了十二年,生下了两个孩子。但是她一定要回到家乡,于是和一双儿女生离死别,踏上了回乡的路。与儿女诀别,这一重苦难,几乎撕心裂肺,这都是蔡文姬必须要承受的。

回乡路上,蔡文姬吟唱胡笳曲,曲曲呜咽凄楚,哀鸣不绝,听者无不落泪。

回到中原之后,曹操做主将蔡文姬嫁给都尉董祀。为了报答曹操的重金相赎,蔡文姬为曹操默写损毁在战火中的典籍四百多篇。此后,文姬与董祀归隐乡野,弹琴作曲,远离政治,远离战争。

曹操偶尔出行打猎,还会来探视他们,与文姬聊聊文学和音乐。

一生三嫁、丧夫、流放、为奴,为了归汉又不得不和亲生骨肉生离死别。坎坷的经历,十二年的异族生活,她从没有放弃过自我救赎与学习。大时代背景下,一代才女命如草芥,却又在逆境中开出了花。

  如果苦难不能避免,那就在苦难中汲取一些养分供自己成长,一直拥有自救的能力,保持专业上的第一。

别觉得残酷，
在职场上你有用才有情谊

好友偶然认识了一位公司老总，这位老总年纪和她相仿，她们都是四十左右，有许多人生经历。正好两个人还有一段相似的感情经历，在一次饭局相识后两人互加了微信。

两个人一见如故，经常聊天，老总比较忙，每天晚上回家差不多十点了。她们就在这个时间点聊聊天，有时候是泡澡过程，有时候是吃夜宵时，两个情场失意事业风生水起的女人，有太多共同语言。女人的友谊都是靠交换秘密来建立的，一段时间过后，两个人就成了闺蜜，好到不能再好。

老总开着一个演艺公司，一部分业务是影视，一部分业务是模

第四章
不占便宜是最聪明的活法儿，也是一种大格局

特经纪。好友学的是危机公关，但是毕业后就做了自由职业者，主要给一些杂志媒体提供摄影作品。她痴迷摄影，所以没有做本行。

一次，老总的公司出了点问题。一个模特在大赛之前跟一个有夫之妇闹出了绯闻，还有一个网剧才要上线，主演解约，找了律师来打官司。

一波未平一波又起，老总着急上火，半边脸都肿了，牙疼到不敢吃饭，每天开无数次会研究怎么消除这些负面事件带来的影响。在夜聊的过程中，好友见老总这么焦虑，心里也跟着紧张，就答应她，帮她渡过这段危机。好友觉得自己反正也是自由人，好朋友有难，总要出手帮一下。于是，去了她的公司帮忙，报酬自然是不菲。

朋友人脉很广，业务能力很强，雷厉风行地给老总处理了很多危机。那段时间是她最忙的一段时间了，一个月有半个月在出差。有时候她们一起出差，老总跟她形影不离，衣食住行两个人待遇全都一样。员工们也默认了好友在公司里的特殊地位，没有人敢怠慢。工作虽然累，但是和朋友一起做事，又是给朋友做事，好友累并不抱怨。

这样的状态大概持续了一年时间，这一年时间里，好友每天都忙忙碌碌，虽然赚了不少钱，但是生性随性自如的她有点不适应。她之所以会选择自由职业，因为她本身就是一个不太注重物质，自由散漫的人。所有老师同学都劝她从事本专业工作，这样她会很出色，也会成为这一行的精英，但她没有放弃自己的坚持，她一直知道自己想要什么。

权衡再三之后，好友向她的老总朋友提出了辞职。她觉得两个人的私人关系这么好，老总肯定是理解她的。没想到老总极力挽留，甚至以为她是嫌薪水少，打算再给她增加三分之一的工资。她

还是执意离职,说自己不喜欢这份工作,觉得很累,还是想回到原来的生活状态里去。老总见她这样,只好同意她辞职,但是她并没有真正理解朋友的行为。

好友还以为两个人可以回到之前的朋友关系,回到那种轻松的关系当中,没想到老总渐渐以忙为借口疏远了她。她们从三五天一个长电话,到一周联系一次,再到一个月联系两次。每次都匆匆忙忙,她打过去,也是每次都遇到她忙。再后来,她们都快三个月没联系了。朋友明白,一个人的友情是坚持不下去的。

好友愤愤不平,跟我吐槽人情冷暖,人性冷漠,说:"没想到你以为的朋友,其实都是假的。"

我说:"其实这段关系真的不算人情冷暖的范畴,因为她并没有敷衍过你,也是真心交付。她之所以愿意交你这个朋友,只有一部分是觉得投缘,另外一大部分,是她觉得你有可用价值,你的专业和能力,还有你们互相的信任程度正是她的公司缺失的。所以在她的认知里,你们可以互利互惠,不然她也不会给你发那么高的薪水,吃喝穿戴甚至买奢侈品都会给你带一份。"

我不是随意安慰,我一路见证着她跟这个老总的所谓"情谊",其实也算看得清楚的。一个拥有几百员工的老总,事业一路向上走,就算你们有共同语言,她也没有时间和你真正做闺蜜。况且这么多年的打拼和沉淀,她能拥有这份事业肯定不是靠幸运,她已经习惯了以商业上的模式做人情往来,她那个圈子里的所有人也都是这样的。所以,无所谓对错,站的角度不同,每个人处理事情的方法和结果不同,也不能说人家付出的感情就是假的;也不能说,不纯粹的人情往来就是虚伪的。人性本来就复杂,商场上更是波谲云诡,深处其中,很难用对错去界定一件事,一份友谊。

第四章
不占便宜是最聪明的活法儿,也是一种大格局

在职场上讲情谊,本来就是一件很危险的事,你有用,才有情谊。

那个老总,正是看到了好友的价值,才愿意跟她交往,做密友,进而一起工作。当好友提出辞职,性格使然让她再也不想踏足这个五光十色的工作环境之后,老总清晰地决断了两个人的未来,意识到她们之间的情谊到此为止了。如此互不相欠,已经是最好的结果。

如果能清醒意识到这一点,就不会失落和失望了。

好友说她不会再相信职场上的情谊了,或者变个说法,朋友是朋友,永远不要有经济和工作纠缠才好。同事、朋友这些关系都有既定的相处方式,不能混淆,不能迷糊,因为一旦混乱理不清了,是要吃亏的。

在职场上,你有用,才有情谊,听起来残酷,但是真实。忙忙碌碌的社会上,大家的时间都很紧张,没人有空陪你玩儿,除非你有价值。

不占便宜是最聪明的活法儿，
也是一种大格局

爱占小便宜的人太多了，谁身边都能随便数出一两个来。

疫情的时候，为了防止电梯按钮携带病毒感染到人，物业每天都会在电梯内门壁上用双面胶粘贴一包抽纸。抽纸作为业主用来摁电梯的隔离物恰恰好，一包用一天也没问题。可是往往抽纸才贴上去一会儿，就被人整包拿走了。物业没有办法，就在旁边贴了一张打印的字条，请大家不要将纸巾整包拿走，如果再拿要调监控索赔等。

一包抽纸的便宜，都有人会想着去占，就别说更有诱惑力的物品或者更大的"便宜"了。

第四章
不占便宜是最聪明的活法儿，也是一种大格局

在单位里，也总有这样占小便宜的人。我上班的时候同办公室一共三个女人，一个三十多岁，胖乎乎的，我们喊她刘姐；一个才分配过来不久，比较高冷。这两个人是两个极端，刘姐就是那种爱占小便宜的人。每周一例会，有线索会分下来大家各自去采访，她一定要挑最近的地方，挑最简单最不辛苦的一条线索去。一旦她觉得别人的采访题材、线索、距离更合适，她就去找领导，各种理由软磨硬泡，非要拿到手不可。领导有时候烦不胜烦，就会答应她。单位聚餐，有时候一条鱼还没有开始吃，她就找个借口去打包，然后整条都装起来带回家，说是给猫吃。一条鱼，大家能说什么，都尽量忍着，不跟她计较，但是她从不反省。

单位每年都会制作一些台历，每个人领一本，她每年都有本事弄回来一堆，实在要不出来，就去抢几本。她的亲戚朋友挨个送，家里每个房间放一本。

我们出差一般会给同事们带一些土特产回来，大家分一分开开心心吃掉，她偏要找个机会将袋子收起来，放进她的抽屉，然后下了班带回家。一包土特产，一包小零食，谁会计较这些，所以她每次都得逞。

她所有打印的东西都拿到单位来打，单位的旧报纸旧杂志，她自顾自拿去卖。作为一个报社，多得是这些纸制品，所以她每个季度都能卖不少钱，领导也睁一只眼闭一只眼。

人人都讨厌她，但是她也没做什么特别出格的事儿，也不好翻脸，于是就都疏远她。

相声里说，出门没捡到钱，就算亏钱，说的就是这种人。

她几乎所有的心思都在这些事情上——怎么能在福利上多拿一点儿，怎么能在工作时间早走一会儿、晚来一会儿，业绩上多报

几百字……这些小事,占据了她太多的时间和精力。在工作上,她能马虎就马虎,从不精心,并且以此沾沾自喜。因为她没有付出太多,也拿一样的工资,一样的奖金,她觉得这就是占了便宜。

另一个同事,正好和刘姐相反。这个姐姐雷厉风行,每天上班不是看报就是写稿,很少聊天,从不八卦。单位发东西,她由着别人挑,剩下什么她要什么。采访也是,只要有新闻价值,她不怕辛苦不怕远,有时候太远的地方不安全,她自费打车……在这个小报社待了两年,她就出了两本书,评了职称,调到总社去了。后来纸媒没落,她又做起了自媒体,做得很大,生活富足。因为行事利落坦荡,又不算计,不爱占小便宜,她在职场很有身份地位。

爱占便宜的刘姐就是另一番光景了。

我辞职离开后很多年,听人说刘姐在单位一直混得不好。纸媒越来越衰落,她的工资一降再降,后来单位只上半天班,只能拿一半的工资。她老公有段时间生了很重的病,她就以工资减半为由,通过水滴筹募捐,后来被曝光出她老公有医保,家里还有两套房和一辆车,所以被人要求退钱……总之爱占便宜的刘姐倒了很多霉,生活一地鸡毛。

俗话说占小便宜吃大亏,说到底,刘姐占的那点小便宜,于生活品质没有任何益处。多拿一包纸巾,多拿一箱苹果,又不会让人富裕起来,对生活没有一丝一毫的改善。在工作中偷懒,久而久之就会成为习惯,时光不会亏待认真的人,自然也不会偏爱敷衍的人。所以她们的路越走越窄,最后往往连朋友工作一起失去。

占小便宜,是最低端的一种活法,局促,没有尊严,也不体面。真正的格局,是不占任何便宜,只要我该得的。

尤其是在工作中,大家都是同事,谁的智商都不低。你占的那

第四章
不占便宜是最聪明的活法儿，也是一种大格局

点便宜，大家都心知肚明，不戳穿，一是为了体面，二是不值得，并不代表别人都不知道。

年轻的时候，每次看刘姐分到了最好的水果，拿到了最高的奖金，去了最近的采访单位还无限羡慕，觉得这样的人真厉害，生活中处处都是"便利"。后来长大一些，有点社会经验了，才明白这会得不偿失。人们对这种人，是天然敬而远之的，她这样活不但得不到心理上的快乐，也会失去他人的尊敬。

后来看刘姐的朋友圈，她也后悔当初年轻、纸媒还算繁荣的时候，她什么也没做，每天就是在单位混日子，导致一事无成，生活潦倒也不受人尊敬。

可是，世界上从来也没有卖后悔药的，这日新月异的世界留给刘姐们的，恐怕只是一声长长的叹息和无尽的荒凉。

最难的路是上坡的路，
走上去，不认输

我开始画画的时候，已经三十多岁了，要养家糊口的年纪，每天一堆工作。我没有父母家人的帮忙，一切都得靠自己。一天没有收入，就要坐吃山空。尽管如此，我还是去学了。

宣纸很贵，一刀一刀往家里买。因为要有一定的时间练习画画，工作也很忙碌，便拒绝了一切社交、聚会等。每次朋友们打来电话，我不是在写作，就是在画画，简直与世隔绝了。

渐渐玲子同学不高兴了，我们严格来说不算特别好的朋友，但因为是同行，都是写作为生，就聊得多一些。她比我小很多，才刚刚大学毕业没几年，因为喜欢自由，便没有出去找工作，在家里写文

第四章
不占便宜是最聪明的活法儿，也是一种大格局

赚钱。每次朋友们聚会，她都来找我一起去，但是现在我不去了，她一个人觉得索然无味，又有点寂寞，就有点怪我。

没办法，我说我实在没时间，现在时间真是排得很紧，然后劝她要不然找个工作，或者也学点什么。如果觉得那些聚会无聊就不要去了，如果喜欢去，也不能因为我不去，就放弃。

她说了一句让我很不舒服的话，她说："姐，感觉你过得真艰难，命好苦。相比你，我觉得我太幸福了，每天过得这么轻松，也能赚到钱。"

她的轻松我不想多说，我也不应该管得太宽。但是一个年轻人因为喜欢写作，喜欢自由而选择这一行，本该是努力汲取养分，沉淀经历的时期，她却走了捷径，做了一个公众号。为了吸引眼球，每天在低俗与色情的边缘疯狂试探，这种内容写起来不用动脑，不用考虑结构与文笔，十分轻松。猎奇心理的读者挺多的，她赚广告费也比较容易。可是这样下去，没有基本的写作锻炼，只为吸引眼球而写，写作能力不但不会进步还会退化，会影响职业走向，也会丧失能力。我委婉地说过一次，她自然是不服气的，觉得我是在妒忌她活得轻松。

跟她比，我过得很难吗？我不禁反省了一下。

我想起最难的时刻，那是最开始做记者的时候，我是因为小说写得好被主编特招进去的。那年我二十三岁，不是科班出身，完全不懂什么是新闻，什么是通讯。我没有学过，更没有受过训练。写第一篇报道，主编把我叫到办公室，将稿子退给我说："重新写吧，五结构三要素理清楚。"

我脑子"嗡"的一声，什么是五结构三要素，我听都没听过，眼巴巴看了一眼主编。他没有抬头，应该是觉得这是一件再简单不过

的事了,毕竟做新闻的总会有些基础。

可是我什么基础也没有,我那时候只会写小说,都是凭感觉写的。

回到办公室,我几乎陷入了绝望,别人跟我打招呼我都心虚,有无地自容的感觉。其实除了主编,别人未必知道我这篇新闻稿写得很混乱。我想了很多,也许我就不该应聘,更不应该被破格录用,但是能离开这里吗?我好不容易才找到这么一个体面的工作。既然不能放弃,那就咬咬牙,坚持下去,先把新闻弄清楚。

那天下班之后,我直奔书店,买了一套参考书,晚上饭都没有吃,一点点啃书,真的很艰难。就像一个爬坡的人,每一步都走得很累,但是你完全不知道未来在哪里,也不知道山顶有没有好的风景,可是就还是要爬上去。爬上去才有一点希望,下了山,就真的下去了。

那一夜,我一边对照着新闻类参考书,一边找了很多报纸上以前的稿子来学习。既然一时间弄不清楚,就用最笨的办法,看看别人是怎么写的,我是怎么写的,一句一句理顺,一篇短短的千字小稿,我折腾了一夜。第二天上班,顶着熊猫眼,忐忑着交给主编。还好,他浏览了一下,没有再让我改,算是过了第一关。

从此我再也没有轻松过,一篇小的通讯尚且这么难,那么如果做深入采访和调查怎么办? 我到时候再抓狂崩溃吗?

我把所有的业余时间都用来啃新闻参考书,给自己规定每天模仿一篇优秀新闻稿件作为练习。这一路走来,真的很难,玲子说得其实不错。

可是,我没有让自己"轻松"的资本,我也不敢轻松。更何况,现在的日子,并不像之前那样难。至少,不用租房,有了自己的房子。积蓄也有了一些,不至于每天奔波在赚钱路上,有了一定的安全感。

半年后,玲子再次找我的时候,我正在工作。我刚刚签了两个专栏:一个是写古琴的;另一个专栏,是写国画的。正好有这两个机会,我对两个领域都有一些了解,正在深入学习中。

玲子说:"姐,你蛮幸运的,我的公号被封了一个月,所以这个月无所事事,就来看看你。"

我幸运吗?我在心里苦笑一声,不得而知。

我们聊了一下,一起吃了顿饭。她说请我,但是我听她说她做公众号这段时间,因为内容敏感,不断被人举报,经常会关闭一阵子,收入也时断时续,很苦恼,我就去付了钱。玲子也没太推辞,她也不是有心机的人。她还跟我吐露心声,说现在她很迷茫,很慌,好像没什么路可以走了。写正经文章吧,她很久不写了,就算写得出,也不知道去哪里发;找工作吧,毕业后就再也没有看过专业的书,早忘得差不多了。再说单位都喜欢招应届毕业生,她这样在社会上工作了几年再找工作的,并不太受欢迎……

她说的确实如此,她接下来的路,我也觉得很难。

那天分别的时候,玲子突然很伤感,她声音低低地说:"姐,我知道了,上坡的路是很难,但是越走越轻松。我选错了,我选下坡的路,起初轻松,但是却没有出路。"

职业生涯就像一座山,我们最开始都在半山腰。有一种人,开始不断向上攀爬,这个过程又难又累,或许也没有收获,可是你还是要咬牙坚持去攀登,去爬到顶。等你见识了山顶的绝美风景,享受了山顶的光华灿烂,一切就都好起来了。另一种人呢,直接就下山了,健步如飞,心情愉悦,因为不累,因为轻松。可是等有一天走到山下的时候,才发现不但没有风景,路也没有了,这个时候,你再想爬回去,已经不可能了。

职场这座山,该爬上去的时候,千万别下来。

所以,我一直很累,其实是必然的,因为在上坡。